山药地下部分

山药零余子

白肉山药切片

紫白肉山药切片

淡黄肉山药切片

紫肉山药切片

山药栽子

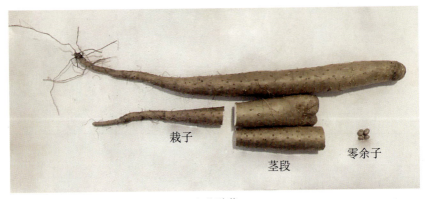

栽子　　茎段　　零余子

山药种薯

山药雌株花序

山药雄株花序

山药果实

山药种子

山药种植

零余子二次生长

零余子繁殖苗

零余子畸形

畸形薯

山药竹架种植

山药网架种植

山药双沟网架种植

山药单沟竹架种植

山药炭疽病为害状

山药叶蜂为害状

山药线虫病

收获山药块茎

听专家田间讲课系列

山药品种及优质高效栽培新技术

SHANYAO PINZHONG JI YOUZHI GAOXIAO ZAIPEI XINJISHU

许念芳　臧传江　主编

中国农业出版社
北　京

内容提要

本书对山药品种资源及优质高效栽培新技术进行了系统介绍，内容包括山药的生物学特性描述，山药的药用价值与食用价值，山药栽培历史与区域分布，品种资源的种类及分布情况，种质资源的收集与保护，常用主栽品种的介绍，以及山药种薯选择、地块选择、种植方式、合理施肥、田间管理、病虫害防治、采收、贮藏等山药优质高效栽培技术。

本书内容全面系统，语言通俗易懂，理论与技术相结合，特别适合广大山药种植者、基层农业技术推广者学习使用，也可供从事山药方面的研究者阅读参考。

编委会

策　划：岳林旭

主　编：许念芳　臧传江

参　编（以姓名笔画为序）：

付在秋　刘少军　孙亚玲　李晓龙

陈　巍　姚甜甜　焦　健　舒　锐

前言

　　山药作为高产经济作物，不仅耐贮易运，而且还可加工增值、外销出口。我国是山药起源中心之一，山药种类较多，品种资源丰富，特别是在长期的栽培过程中，形成了一些特色、优质的地方品种，如长山细毛、定陶西施、菏泽鸡皮糙、温县铁棍等。近年来，山东、河南、河北、福建、广东等山药主产地积极发展山药产业，并取得了较大成绩。特别是山东，不仅形成了较多山药地方品牌，还依托发达的农业产业优势和流通渠道，出口日本、韩国等，在国内山药出口中占有绝大部分市场份额。由于过去山药被视为小宗作物，一直缺乏系统性研究，致使目前山药栽培品种较单一，栽培技术相对落后，产业发展受到严重制约，山药生产、加工与出口潜力远没有得到充分挖掘，山药产业潜力有待进一步释放。

　　编者翻阅此前已出版的许多山药栽培技术方面的书籍，发现很少涉及山药的种质资源现状。因此，本书编者在2015年开始收集山药品种资源，目前已收集了30余个品种，同时对山药的种质资源分类、保存、引种及栽培管理技术也进行了系统的整理与分析。笔者扎根山药生产与科研第一线，长期与种植户打交道，掌握了丰富的第一手资料，为了更好地让种植户了解山药，更好地推广山药栽培技术，更好地发挥科技示范带动作用，决定编写《山药品种及优质高效栽培新技术》一书，旨在给各地山药种植户提供内容丰富、技术实用、语言易懂的山药种质资源与优质高效栽培新技术。

  本书成稿以后，虽经过编者多次校订修改，但由于时间仓促，书中问题与错误难免，希望广大读者和专家多提宝贵意见。

编 者

2018 年 12 月

目录

前言

第一章 概述 / 1

一、山药的生物学特性 …… 1
 （一）根的生长特性 …… 1
 （二）茎的生长特性 …… 2
 （三）叶的生长特性 …… 4
 （四）花的生长特性 …… 5
 （五）果实和种子的生长特性 …… 6

二、山药的药用价值和食用价值 …… 7
 （一）山药的药用价值 …… 7
 （二）山药的食用价值 …… 7

三、山药的栽培历史 …… 8

第二章 山药品种资源种类与分布 / 9

一、山药品种资源种类 …… 9
 （一）山药的植物学分类 …… 9
 （二）山药的园艺学分类 …… 20

二、山药品种资源分布 …… 23
 （一）山药起源中心的特点 …… 24
 （二）我国山药品种栽培分布情况 …… 24

第三章 山药品种资源的搜集与保护 / 28

一、山药种质资源的搜集 …… 28
 （一）山药种质资源收集的作用与意义 …… 28
 （二）山药种质资源的收集方法 …… 29

二、山药种质资源的保护 …… 31

(一) 山药种质资源保护的
　　意义 …………… 31
(二) 山药种质资源保护的
　　方法 …………… 32
(三) 山药种质资源新种质的
　　创制 …………… 35

第四章 山药常用主栽品种介绍 / 37

一、北方山药群 ………… 37
　(一) 长山细毛山药 …… 37
　(二) 牛腿山药 ………… 38
　(三) 鸡皮糙山药 ……… 38
　(四) 西施山药 ………… 39
　(五) 嘉祥细毛长山药 … 39
　(六) 庐土山药 ………… 40
　(七) 铁棍山药 ………… 41
　(八) 怀山药 …………… 41
　(九) 麻山药 …………… 42
　(十) 小白嘴山药 ……… 43
　(十一) 清苑紫药 ……… 43
　(十二) 济宁米山药 …… 44
　(十三) 弯头长芋 ……… 44
　(十四) 毕克齐山药 …… 45
　(十五) 红庙山药 ……… 45
二、南方山药群 ………… 46
　(一) 野山药 …………… 46
　(二) 大薯 ……………… 47
　(三) 紫薯山药 ………… 47
　(四) 紫肉大薯 ………… 48
　(五) 黄肉大薯 ………… 48
　(六) 苏蓣2号 ………… 49
三、日本山药群 ………… 49
　(一) 伊势芋 …………… 49
　(二) 日本山药1号 …… 50
　(三) 日本山药2号 …… 50
　(四) 日本山药3号 …… 51
　(五) 日本山药4号 …… 51
　(六) 日本山药5号 …… 52
　(七) 大和芋1号 ……… 52
　(八) 大和芋2号 ……… 53
　(九) 大简早生 ………… 53
　(十) 大和长芋 ………… 54

第五章 山药优质高效栽培新技术 / 55

一、种薯的选择 ………… 55
　(一) 山药栽子 ………… 55
　(二) 山药段子 ………… 56
　(三) 山药零余子 ……… 57
二、种植地块的选择 …… 58
三、种植方式 …………… 59
　(一) 常用种植方式 …… 59
　(二) 新型种植方式 …… 60
四、合理施肥 …………… 63
　(一) 农家肥等有机肥 … 64

（二）化肥 …………………… 65
　（三）科学施肥 ……………… 69
五、田间管理 …………………… 70
　（一）适时定苗 ……………… 70
　（二）搭架 …………………… 71
　（三）中耕除草 ……………… 73
　（四）整枝、打杈 …………… 73
　（五）适量浇水 ……………… 74
六、病虫害防治 ………………… 75
　（一）山药主要病害及其
　　　　防治 …………………… 75
　（二）山药主要害虫及其
　　　　防治 …………………… 81
七、采收 ………………………… 86
　（一）零余子采收 …………… 86
　（二）地下块茎采收 ………… 87
八、山药冬季贮藏 ……………… 89
　（一）零余子贮藏 …………… 89
　（二）山药种薯贮藏 ………… 89

参考文献 ………………………………………… 92

第一章 概述

一、山药的生物学特性

山药植株和大多数植物一样,都是由根、茎、叶、花、果实和种子构成。其各部分的生物学特性如下:

(一)根的生长特性

长期以来,山药的地下可食用部分到底是根还是茎,都没有定论。大部分人认为是块茎,也有人认为是块根,理由是根和茎的区别主要看发芽位置,在固定位置发芽的是茎,无固定发芽位置的是根,所以山药是块根。还有人认为山药的块茎由主茎向地的先端膨大形成,只在根颈处着生一个芽,块茎表面着生大量的不定根,但作为种薯切块定植时,薯块的任何部位都可形成不定芽,因此山药的块茎是茎和根的中间过渡状态(图1-1)。

图1-1 山药地下部分

山药萌发时,在萌发芽的下端长出10多条粗根,开始多是横向生长的,分布在大约20厘米的耕层内,这些根通过分枝形成更多的毛细根,毛细根为主要的吸收根。除了以上根系外,随着山药块根的伸长,其上会长出一些短而细的毛根,这些根系也有一定的吸收功能，主要在山药缺水时吸收部分土壤中的深层水。

山药粗大的根系，着生在山药发芽的地方，一般山药上部细长的部分，俗称山药嘴，因而这部分担任吸收功能的根称为嘴根，是维持山药一生的主要根系。着生在山药块茎下部、细而短的根称为毛根，也称须根。

山药的根系不太发达，而且多分布在土壤浅层，但吸收养分和水分的任务则很繁重。地上主茎蔓长达3米，加上侧枝可达十几米，块茎则重1~2千克，其生长发育所需营养主要靠根系来吸收。因此栽培山药前应注意地块的选择，栽培中注意深耕养根，才能获得优质高产。

与长山药相比，扁山药和圆山药的根系较浅。这也可能与扁山药和圆山药长期生长在我国南方，适应了当地生长条件有关。南方多雨，根系只能长得浅一些；而长山药多在我国的黄河流域，长期干旱，因而根系下扎能力较强。

（二）茎的生长特性

山药的茎比较特殊，有地上部茎蔓、零余子和地下块茎3种类型。这3种茎的形成机制、表现形态等方面均不同，现将3种茎的生物学特性分别介绍如下。

1. 地上部茎蔓 山药地上部茎蔓是山药真正的茎，该茎具有卷曲缠绕的功能，不但能着生叶片，而且能使叶片分布合理，和其他植物争夺生存空间。

种薯顶芽萌发出土，这时候的茎是直立的，一般要长到20厘米以上才具有缠绕功能。山药出土后，茎生长很快，一般3天就可达10厘米以上。因此应该在山药出土后抓紧时间设支架。山药主蔓长到50厘米左右时，是主蔓生长最快的时期，有的1天可伸长15厘米，直到顶部有分枝出现。

山药茎蔓一般粗0.2~0.8厘米，其粗度和种薯大小成正相关，一般不会随着山药的生长而变粗。因而在生产上建议采用100克以上的种薯，有利于提高山药的产量。

北方山药的茎蔓一般为圆形,无棱翼,缠绕方式为右旋;南方大薯的茎蔓为四棱形,有棱翼,缠绕方式一般也是右旋,个别有左旋现象。

2. 零余子 在山药开花的后期,其顶部的叶腋里可见零余子的着生,通常称为山药豆。零余子形状有椭圆形、圆形、棒状、不规则形等,一般为褐色或深褐色(图1-2)。不同山药的零余子大小、多少以及产量均不相同,北方山药中的大和长芋、小白嘴、麻山药,零余子很多,而大和芋2号则较少、且小,水山药、西施山药则几乎没有零余子。同一品种在不同的气候条件下零余子生长状况也差别很大,特别是一些南方山药品种,在北方由于生长时间缩短或其他环境因素影响较难得到零余子。生产中,人们较多关注地下块茎的商品性,零余子由于个头太小,捡拾困难,因而利用价值不高。对于一些地下块茎商品性较好的品种,减少零余子产量或培育不结零余子的变异株,可把在零余子上消耗的营养成分,转而用在生长地下部分,从而提高山药地下块茎的商品价值。

图1-2 零余子

零余子的结构和山药的地下部分基本没有区别,可作为山药种薯进行品种更新,可有效预防种性退化。在雨季,把正在生长的零余子放在地面上,零余子就会下扎生长,直接形成大约10克的小山药。利用零余子的这一特性,可以缩短用零余子长成商品薯的时间。

仔细观察,零余子上面的像芽眼状的,实际上是根孔,而不是芽眼。当年的零余子顶芽处于休眠状态,必须经过成熟期才能发芽。

零余子内含丰富的淀粉和蛋白质,其营养成分高于地下部分,因此常被用来做糖球或直接蒸食。有些山药品种零余子数量较多,个头较大,但地下块茎商品性较差,在生产中常常被淘汰。从种质资源方面来说,是一种极大地浪费,因为这些品种通常长势旺盛、抗性较好，不仅是较好的育种材料，更是生产零余子的优质品种。

3. 地下块茎 山药块茎是一种地下变态茎，也就是山药可食用的部分。山药块茎的形状变异较多，虽然可以大致的分为长山药、扁山药、圆山药，但在各个类型中还有中间类型的变异。尤其是扁山药，块茎变化最大，有掌形、扇形、"八"字形，甚至还有长形的。山药块茎形状的变异，主要是受到遗传和环境的影响，其中土壤环境的影响最大。即便是在各地系统分离的品种中，个体的变异也很复杂。由于山药块茎的多变性，在育种或生产中，根据既定的选育目标和市场需求类型，进行不断的选择，可获得优质的品种。

长山药。上端很细，中下部较粗，一般长 60～100 厘米，最长的可达 200 厘米。其直径在 2～9 厘米，单株块茎重 0.5～2.0 千克，最重的可达 5 千克。棍棒状长山药，肉质白，黏液质较多，蒸食或熬粥口感较好，营养价值较高，但是较细长，产量较低，如何提高其产量是今后育种或栽培的重要研究课题。圆柱状或粗柱状长山药，肉质白，黏液质较少，含水量较大，维管束粗大，蒸食口感较差，适合炒食，产量均较高。

扁山药。块茎扁平，上窄下宽，且具纵向皱劈，形如手掌。圆山药多为短圆筒形，或呈团块状，一般是大薯，北方山药中没有圆山药。大薯的形状较多，有长形、扁形、圆形、不规则形，肉质有红色、黄色、白色、白紫相间、紫色等多种颜色。北方山药则只有白色的和浅黄色的。

山药块茎的营养成分以淀粉为主，也含有蛋白质、多糖及一些药用成分等。

（三）叶的生长特性

山药叶片对生或互生，一般都是基部戟状的心形，或呈三角形、心形、卵形尖头，或戟形。北方山药叶片常有缺裂，包括浅裂、中裂、深裂；南方山药多数为全缘叶片。叶色为浅绿色、深绿色或紫绿色。山药的叶柄长 2～4 厘米，叶脉 5～9 条，基部叶脉

2～4条。叶片长5～15厘米、宽3～8厘米，一般南方山药叶大且厚，北方山药叶小且薄。北方山药中的水山药，叶子小、薄、浅绿色且呈戟状，看起来好似叶绿素含量不高，但所有的山药品种中，水山药的产量却是最高的，说明其叶片的光合效率很高。

山药每株有叶片800～1 300个，其叶片是光合作用的主要载体，是植株健康与否的指示体，生产中常根据叶片的生长状况来判定山药的长势情况，同时叶片还是叶面追肥的受体，可以快速给植株补充营养元素，及时弥补土壤营养不足的问题。

(四) 花的生长特性

很多人认为山药有花而不结实，或是不开花、开"谎花"，果实外形上是假结实而没有内容，其实并非如此。山药是雌雄异株植物，即雄株上开雄花，雌株上开雌花，雌株上可以得到果实，内含4～8粒种子。有的山药品种雄株多，很难发现雌株，如大和长芋、小白嘴、清苑紫药、邹平细毛；有的山药品种雌株很多却很难发现雄株，如大和芋2号。

1. 雄株雄花 山药的雄花多是总状花序，似穗状，一般就称为穗状花序，当雄株生长到一定程度，一般是在7月上旬，顶部的叶片叶腋里便开出1～2个穗状花序，每花序有10～20朵雄花。雄花在花枝上互生、无梗，直径0.2厘米左右。花形基本上是圆形，花冠2层，萼片3枚，花瓣3片，互生，乳白色，向内卷曲；雄蕊6枚，包括花丝和花药，中间有残留的子房痕迹。

雄株花期较短，在单株不会超过20天，北方一般在6～7月，山东潍坊地区在7月10日前后。山药的雄花一般在傍晚后开放，且多在晴天开，雨天不开花（图1-3）。

山药的孕蕾开花期，正值地下部块

图1-3 雄 花

茎膨大初期。由于生殖生长和山药块茎膨大都需要较多的优质营养，因此在花期有上下部争夺养分的现象。但山药雄花花期较短，养分需求比较集中，对地下部块茎膨大和养分贮存影响相对较少。大和长芋的一个花序从开花到结束需10天左右；有的山药雄株不出现花蕾，或是雄株虽然可以看到花蕾，但花蕾不等开花便自行干枯而脱落。在药品应用中，雄株山药皂苷元的含量明显要高于雌株。

2. 雌株雌花 山药雌花为穗状花序，下垂，花枝较长，但花朵数较少，每花序有10个左右的小花。雌花序小花比雄花序的大一些，无梗，直径约3毫米，长约5毫米。小花呈三角形，花瓣和花萼各3片，互生，乳白色，向内卷；子房绿色，长椭圆形，柱头先端有3裂而后成为2裂，3室，每室有2个胚珠；雄蕊6个，药室4个，内生花粉。

图1-4 雌 花

山药雌花都属于两性花，花粉虽多却没有内容，有果实，但空秕率较高，种子较难达到成熟（图1-4）。

（五）果实和种子的生长特性

大多数文献介绍说山药没有果实，且说明不实的原因是由于山药花期正值雨季，导致果实腐烂。这也与山药品种、种植区域和气候有关。其实早期膨大的果实，里面也有种子，种在地里也能发芽，且能长成植株。如种植在潍坊的大和长芋，可以正常得到果实，其果实一直都是绿色的，一直到10月才随着植株的干枯而成熟。

北方山药的雌株在山东大多都能结籽。目前已经收获到多种北方山药的种子，有大和长芋、清苑紫药、长山细毛、大和芋2号等。

山药种子是异花授粉而得，还是自花授粉而得，有待进一步考证。

山药的果实为蒴果,多反曲。以鸡皮糙为例,每个果实内一般有种子4~8粒,呈褐色或深褐色,圆形,具薄翅,扁平(图1-5)。

图1-5 果实和种子

二、山药的药用价值和食用价值

(一)山药的药用价值

传统药学认为,山药味甘、性平,归脾、肺、肾经,具有补脾养胃、生津益肺、补肾涩精的功效,适用于脾虚食少、久泄不止、肺虚咳喘、肾虚遗精、带下、尿频、虚热、消渴等症。

现代研究报道,山药具降糖作用;具生肌作用,可用于消化系统胃及十二指肠溃疡的治疗;具调节免疫功能的作用;具抗肿瘤和抗突变活性的作用;具抗氧化、延缓衰老的作用;具降血脂作用等药理作用。另外,山药还有抗病毒的作用,对肝和肾具保护作用,还有调节人体内酸碱平衡。

(二)山药的食用价值

根据山东省农业科学院研究表明,山药块茎中平均含粗蛋白质14.48%、粗纤维3.48%、淀粉43.7%、糖1.14%、钾2.62%、磷0.2%、钙0.2%、镁0.14%、灰分5.51%、铁53.57mg/kg、锌29.22mg/kg、铜10.58mg/kg、锰5.38mg/kg,并含有丰富的

中性多糖（0.21%）及酸性多糖（0.45%）。

山药含有丰富的糖分和蛋白质，占山药干重的90%以上。山药中蛋白质的含量不仅高而且组成合理，是一种优质的植物蛋白源。对山药的蛋白质进行水解，经测定发现含有谷氨酸、天冬氨酸、精氨酸、苏氨酸、缬氨酸、蛋氨酸等17种氨基酸，其中，人体必需氨基酸占总氨基酸含量的25%~32%。

总的看来，山药不仅药用价值高，人体必需的营养成分含量也不低，是一种难得的药食兼用、药食同源的食品。

三、山药的栽培历史

山药在我国有悠久的栽培历史，在栽培技术方面，古人也有很多描述。早在西晋嵇含所著的《南方草木状》（304）就有山药栽培的记载；北魏贾思勰的《齐民要术》（533—544）中也有论述。唐代韩鄂撰写的《四时纂要》中有零余子和切段栽培的叙述。宋代苏颂的《图经本草》这样描述山药："春生苗，茎紫，叶青，有三尖角，似牵牛更厚而光泽，夏开细白花，大类枣花，秋生实于叶间，状如铃，二月、八月采根。"明代徐光启（1562—1633）的《农学丛书》上，对山药的栽培也有较详细的介绍。

据文献记载，在我国古代山药向外传播有两条途径：一条途径是秦时经朝鲜传入日本，并在当地栽培。另一条途径是19世纪末传入欧洲，但在欧洲由于种种原因，并没有大面积种植。

20世纪90年代末，山东潍坊地区的山药大量出口日本，但当时山药种植都是人工开沟，虽然收购价格高，但是每家每户只小面积种植。2000年左右，由于生产机械化的进步，特别是开沟机的发明，使大面积种植山药成为可能。双沟开沟机在山药上应用后，大和长芋在山东潍坊地区的种植面积迅速扩大到万亩*。

---

* 亩为非法定计量单位，1亩≈667米^2。——编者注

第二章
山药品种资源种类与分布

山药为百合目（Liliales）薯蓣科（Dioscoreaceae）薯蓣属（*Dioscorea*）的一年生或多年生缠绕性藤本植物。我国是山药重要的原产地和驯化中心，种质资源非常丰富，品种多样化，分布区域辽阔。研究山药的品种资源种类及其分布，对于更好地利用现有的品种资源，及品种的进一步研究和新品种的选育都有深远的意义。

一、山药品种资源种类

（一）山药的植物学分类

薯蓣科在植物分类中是一个小科，有9属约650种，我国只有薯蓣属一个属。薯蓣属是薯蓣科中数量最多的一个属，约有600种。国内分类学家将产于我国的薯蓣属植物分为根状茎组、"丁"字形毛组、顶生翅组、基生翅组、复叶组和周生翅组等6个组。在我国常用的山药是指薯蓣属周生翅组植物薯蓣（*Dioscorea opposita*）及其近缘种褐苞薯蓣（*Dioscorea persimilis*）、山薯（*Dioscorea fordii*）和参薯（*Dioscorea alata*）等的块茎。

1. 山药在植物学分类中的位置

　　界：植物界（Regnum vegetabile）
　　门：被子植物门（Angiospermae）
　　　纲：单子叶植物纲（Monocotyledons）
　　　目：百合目（Liliales）
　　　　科：薯蓣科（Dioscoreaceae）
　　　　　属：薯蓣属（*Dioscorea* L.）
　　　　　　种：薯蓣（*D. opposita*）及其近缘种

2. 山药主要特性及其分布 薯蓣属有 600 多种，目前我国已知的栽培种和野生种有约 49 种。在我国常用的山药是指薯蓣属周生翅组植物薯蓣及其近缘种褐苞薯蓣、山薯和参薯等的块茎，以及一些药用种质。薯蓣属山药主要生物学特性及其分布如下：

(1) 薯蓣（*Dioscorea opposita*）

①形态特征。

茎。茎为缠绕草质藤本，通常带紫红色，右旋，无毛。块茎长圆柱形，垂直生长，长可达 1 米多，断面干时白色。

叶。单叶，在茎下部互生，中部以上对生，很少 3 叶轮生。叶片长 3~9（16）厘米，宽 2~7（14）厘米；叶形变异大，卵状三角形至宽卵形或戟形，顶端渐尖；基部深心形、宽心形或近截形；边缘常 3 浅裂至 3 深裂，中裂片卵状椭圆形至披针形，侧裂片耳状，圆形、近方形至长圆形；幼苗时一般叶片为宽卵形或卵圆形，基部深心形。叶腋内常有珠芽。

花。雌雄异株。雄花序为穗状花序，长 2~8 厘米，近直立，2~8 个着生于叶腋，偶而呈圆锥状排列；花序轴明显地呈"之"字状曲折；苞片和花被片有紫褐色斑点；雄花的外轮花被片为宽卵形，内轮卵形，较小；雄蕊 6 枚。雌花序为穗状花序，1~3 个着生于叶腋。

果。蒴果不反折，三棱状扁圆形或三棱状圆形，长 1.2~2 厘米，宽 1.5~3 厘米，外面有白粉；种子着生于每室中轴中部，四周有膜质翅。花期 6~9 月，果期 7~11 月。

②分布。原产于中国，主要分布于东北、河北、甘肃东部（950~1 100 米）、陕西南部（350~1 500 米）、山东、河南、安徽淮河以南（海拔 150~850 米）、江苏、浙江（450~1 000 米）、江西、福建、台湾、湖北、湖南、广西北部、贵州、云南北部、四川（500~700 米）等地。生于山坡、山谷林下、溪边、路旁的灌丛中或杂草中；或为栽培。朝鲜、日本也有分布。

(2) 山薯（*Dioscorea fordii*）

①形态特征。

茎。茎为缠绕草质藤本，无毛，右旋，基部有刺。块茎长圆柱形，垂直生长，干时外皮棕褐色，不脱落，断面白色。

叶。单叶，在茎下部互生，中部以上对生，纸质；宽披针形、长椭圆状卵形或椭圆状卵形，有时为卵形，长4~14（17）厘米，宽1.5~8（13）厘米；顶端渐尖或尾尖；基部变异大，近截形、圆形、浅心形、宽心形、深心形至箭形，有时为戟形，两耳稍开展，有时重叠，全缘；两面无毛，基出脉5~7。

花。雌雄异株。雄花序为穗状花序，长1.5~3厘米，2~4个簇生或单生于花序轴上排列呈圆锥花序，圆锥花序长可达40厘米，偶而穗状花序腋生；花序轴明显地呈"之"字状曲折；雄花的外轮花被片为宽卵形，长1.5~2毫米，内轮较狭而厚，倒卵形；雄蕊6枚。雌花序为穗状花序，结果时长可达25厘米，常单生于叶腋。

果。蒴果不反折，三棱状扁圆形，长1.5~3厘米，宽2~4.5厘米；种子着生于每室中轴中部，四周有膜质翅。花期10月至翌年1月，果期12月至翌年1月。

②分布。分布于浙江南部、福建、广东、广西、湖南南部。生于海拔50~1150米的山坡、山凹、溪沟边或路旁的杂木林中。

(3) 褐苞薯蓣（*Dioscorea persimilis*）

①形态特征。

茎。茎为缠绕草质藤本，右旋，无毛，较细而硬，直径0.1~0.6厘米，干时带红褐色，常有棱4~8条。块茎长圆柱形，垂直生长，外皮棕黄色，断面新鲜时白色。

叶。单叶，在茎下部互生，中部以上对生，纸质；长4~15厘米，宽2~13厘米；卵形、三角形至长椭圆状卵形，或近圆形；顶端渐尖、尾尖或凸尖；基部宽心形、深心形、箭形或戟形，全缘；基出脉7~9，常带红褐色，两面网脉明显，无毛。叶腋内有珠芽。

花。雌雄异株。雄花序为穗状花序，长1~4厘米，2~4个簇生或单生于花序轴上排列呈圆锥花序，圆锥花序长可达40厘米，有时穗状花序单生或数个簇生于叶腋；花序轴明显地呈"之"字状曲折；苞片有紫褐色斑纹；外轮花被片为宽卵形，有时卵形，背部凸出，有褐色斑纹，内轮倒卵形，两者均较厚；雄蕊6枚。雌花序为穗状花序，1~2个着生于叶腋，结果时长可达几十厘米；外轮花被片为卵形，较内轮大；退化雄蕊小。

果。蒴果不反折，三棱状扁圆形，长1.5~2.5厘米，宽2.5~4厘米；种子着生于每室中轴中部，四周有膜质翅。花期7月至翌年1月，果期9月至翌年1月。

②分布。分布于湖南、广东、广西、贵州南部、云南南部。生于海拔100~1 950米的山坡、路旁、山谷杂木林中或灌丛中，我国南方各地也有栽培；也分布于越南。

(4) 参薯（*Dioscorea alata*）

①形态特征。

茎。茎为缠绕草质藤本，右旋，无毛，通常有4条狭翅，基部有时有刺。野生的块茎多数为长圆柱形；栽培的变异大，有长圆柱形、圆锥形、球形、扁圆形而重叠，或有各种分枝。通常圆锥形或球形的块茎外皮为褐色或紫黑色，断面白色带紫色；其余的外皮淡灰黄色，断面白色，有时带黄色。

叶。单叶，在茎下部互生，中部以上对生，纸质，叶片长6~15（20）厘米、宽4~13厘米、绿色或带紫红色；卵形至卵圆形，顶端短渐尖、尾尖或凸尖；基部心形、深心形至箭形，有时为戟形，两耳钝，两面无毛；叶柄绿色或带紫红色，长4~15厘米。叶腋内有大小不等的珠芽，珠芽为球形、卵形或倒卵形，有时扁平。

花。雌雄异株。雄花序为穗状花序，长1.5~4厘米，通常2至数个簇生或单生于花序轴上排列呈圆锥花序，圆锥花序长可达数十厘米；花序轴明显地呈"之"字状曲折；雄花的外轮花被片为宽卵形，长1.5~2毫米，内轮倒卵形；雄蕊6枚。雌花序为穗状花序，1~3个着生于叶腋；雌花的外轮花被片为宽卵形，内轮为倒卵状长圆形，较小而厚；退化雄蕊6枚。

果。蒴果不反折，三棱状扁圆形，有时为三棱状倒心形，长

1.5~2.5厘米，宽2.5~4.5厘米；种子着生于每室中轴中部，四周有膜质翅。花期11月至翌年1月，果期12月至翌年1月。

②分布。本种可能原产于孟加拉湾的北部和东部，以后传布到东南亚、马来西亚、太平洋热带岛屿以至非洲和美洲。我国浙江、江西、福建、台湾、湖北、湖南、广东、广西、贵州、四川、云南、西藏等地区常有栽培。

(5) **黄独**（*Dioscorea bulbifera*）

①形态特征。

茎。缠绕草质藤本，顶端抽出，很少分枝，外皮棕黑色，表面密生须根，左旋，浅绿色稍带红紫色，光滑无毛。块茎卵圆形或梨形，直径4~10厘米，通常单生。

叶。单叶互生；叶片宽卵状心形或卵状心形，长15~26厘米，宽2~14（26）厘米，顶端尾状渐尖，边缘全缘或微波状，两面无毛。叶腋内有紫棕色球形或卵圆形珠芽，大小不一，最重者可达300克，表面有圆形斑点。

花。雄花序穗状，下垂，常数个丛生于叶腋，有时分枝呈圆锥状；雄花单生，密集，基部有卵形苞片2枚；花被片披针形，新鲜时紫色；雄蕊6枚，着生于花被基部，花丝与花药近等长。雌花序与雄花序相似，常2至数个丛生叶腋，长20~50厘米；退化雄蕊6枚，长仅为花被片1/4。

果。蒴果反折下垂，三棱状长圆形，长1.5~3.0厘米，宽0.5~1.5厘米，两端浑圆，成熟时草黄色，表面密被紫色小斑点，无毛。种子深褐色，扁卵形，通常两两着生于每室中轴顶部，种翅栗褐色，向种子基部延伸呈长圆形。花期7~10月，果期8~11月。

②分布。分布于我国河南南部、安徽南部、江苏南部、浙江、江西、福建、台湾、湖北、湖南、广东、广西、陕西南部、甘肃南部、四川、贵州、云南、西藏等地。本种适应性较大，既喜阴湿，又需阳光充足之地，以海拔几十米至2 000米的高山地区都能生长，多生于河谷边、山谷阴沟或杂木林边缘，有时房前屋后或路旁

的树荫下也能生长。日本、朝鲜、印度、缅甸以及大洋洲、非洲都有分布。

(6) 白薯莨（*Dioscorea hispida*）

①形态特征。

茎。缠绕草质藤本。茎粗壮，圆柱形，长达30米，有三角状皮刺，初有柔毛，后渐变无毛。块茎大小不一，卵形、卵圆形，或不规则，外皮褐色，有多数细长须根，断面新鲜时白色或微带蓝色。

叶。掌状复叶有3小叶，顶生小叶片倒卵圆形、倒卵状椭圆形或椭圆形，长6~12厘米，宽4~12厘米，或更长而宽，侧生小叶片较小，斜卵状椭圆形或近宽长圆形，偏斜，顶端骤尖，全缘，表面稍有柔毛或近无毛，背面疏生柔毛；叶柄长达30厘米，密生柔毛。

花。雄花序长可达50厘米，穗状花序排列成圆锥状，密生茸毛；雄花外轮花被片小，内轮较大而厚；雄蕊6，有时不全部发育。

果。蒴果三棱状长椭圆形，硬革质，长3.5~7厘米，宽2.5~3厘米，密生柔毛。种子两两着生于每室中轴顶部，种翅向蒴果基部伸长。

②分布。分布于我国福建、广东、广西、云南、西藏昌都和波密。生于海拔1 500米以下的沟谷边灌丛中或林边；野生或栽培。印度至马来西亚也有栽培。花期4~5月，果期7~9月。

(7) 七叶薯蓣（*Dioscorea esquirolii*）

①形态特征。

茎。缠绕草质藤本，茎有刺。全株除叶片有较疏的柔毛，老时脱落，或叶脉有柔毛外，其余密生淡褐色茸毛。

叶。掌状复叶互生，有3 (7) 小叶，小叶长7~23厘米，宽3~8.5厘米，顶端尾状渐尖，全缘或边缘波状，背面灰绿色；中间小叶片披针状长椭圆形至椭圆形或宽倒披针形，最外侧的小叶片斜披针形至斜卵状长椭圆形；叶柄长可达15厘米，有时有刺。

花。雄花序为总状花序，2~4个或单个着生在无叶的花枝上；雄花花梗长约0.5毫米；外轮花被片三角状卵形，内轮近长圆形；雄蕊3枚，着生外轮花被片基部，与3枚退化雄蕊互生。雌花序为穗状花序，长达50厘米，2~3个着生叶腋。

果。蒴果反折，三棱状长方倒卵形，长3.5~5厘米，宽2~3厘米。种子着生于每室中轴顶部，种翅向蒴果基部伸长。花期10月至翌年2月，果期12月至翌年4月。

②分布。产广西都安、靖西、凌云、龙州、百色，贵州罗甸，云南富宁、剑川。生于海拔600~1 430米的山坡、山谷林下阴湿处。

(8) **盾叶薯蓣**（*Dioscorea zingiberensis*）

①形态特征。

茎。缠绕草质藤本。茎左旋，光滑无毛，有时在分枝或叶柄基部两侧微突起或有刺。根状茎横生，近圆柱形，指状或不规则分枝，新鲜时外皮棕褐色，断面黄色，干后除去须根常留有白色点状痕迹。

叶。单叶互生；叶片厚纸质，三角状卵形、心形或箭形，通常3浅裂至3深裂，中间裂片三角状卵形或披针形，两侧裂片圆耳状或长圆形，两面光滑无毛，表面绿色，常有不规则斑块，干时呈灰褐色；叶柄盾状着生。

花。花单性，雌雄异株或同株。雄花无梗，常2~3朵簇生，再排列成穗状，花序单一或分枝，1或2~3个簇生叶腋，通常每簇花仅1~2朵发育，基部常有膜质苞片3~4枚；花被片6，长1.2~1.5毫米，宽0.8~1毫米，开放时平展，紫红色，干后黑色；雄蕊6枚，着生于花托的边缘，花丝极短，与花药几等长。雌花序与雄花序几相似，雌花具花丝状退化雄蕊。

果。蒴果三棱形，每棱翅状，长1.2~2厘米，宽1~1.5厘米，干后蓝黑色，表面常被白粉；种子通常每室2枚，着生于中轴中部，四周有薄膜状翅。花期5~8月，果期9~10月。

②分布。分布于河南南部、湖北、湖南、陕西秦岭以南、甘肃

天水、四川。生于海拔 100~1 500 米,多生长在破坏过的杂木林间或森林、沟谷边缘的路旁,常见于腐殖质深厚的土层中,有时也见于石隙中,平地和高山都有生长。

(9) **三角叶薯蓣**(*Dioscorea deltoidea*)

①形态特征。

茎。缠绕草质藤本。茎左旋,新鲜时绿色,干后紫褐色,有明显的纵条纹。根状茎横生,姜块状。

叶。单叶互生,有柄,柄长 4~10 厘米;叶片三角状心形或三角状戟形,通长 3 裂,中间裂片顶端渐尖,两侧裂片呈圆耳状,干后不变黑,背面沿叶脉密被白色硬毛。

花。花单性,雌雄异株。雄花无梗,常 2 朵簇生,稀疏排列于花序轴上组成穗状花序;苞片膜质,卵形,顶端突尖;花被杯状,顶端 6 裂;雄蕊 6 枚,着生于花被管基部,花药呈"个"字形着生。雌花序与雄花序基本相似,每花序有花 4~6 朵,具退化雄蕊。

果。蒴果长宽几相等,约 2 厘米,顶端凹入,成熟后为栗褐色,表面密生紫褐色斑点;种子卵圆形,每室通常 2 枚,着生每室中轴中部。花期 5~6 月,果期 6~9 月。

②分布。分布于我国西藏的吉隆、聂位木、樟木、波密、昌都。常生于海拔 2 000~4 000 米的灌木丛中及沟谷阔叶林中。印度、尼泊尔、老挝、阿富汗、巴基斯坦也有分布。

(10) **穿龙薯蓣**(*Dioscorea nipponica*)

①形态特征。

茎。缠绕草质藤本。茎左旋,近无毛,长达 5 米。根状茎横生,圆柱形,多分枝,栓皮层显著剥离。

叶。单叶互生,叶柄长 10~20 厘米;叶片掌状心形,变化较大,茎基部叶长 10~15 厘米,宽 9~13 厘米,边缘作不等大的三角状浅裂、中裂或深裂,顶端叶片小,近于全缘。叶表面黄绿色,有光泽,无毛或有稀疏的白色细柔毛,尤以脉上较密。

花。雌雄异株。雄花序为腋生的穗状花序,花序基部常由 2~4 朵集成小伞状,至花序顶端常为单花;苞片披针形,顶端渐尖,短于花被；花被碟形，6裂，裂片顶端钝圆；雄蕊6枚，着生于花被裂片的中央，药内向。雌花序穗状，单生；雌花具有退化雄蕊，有时雄蕊退化仅留有花丝；雌蕊柱头3裂，裂片再2裂。

果。蒴果成熟后枯黄色，三棱形，顶端凹入，基部近圆形，每棱翅状，大小不一，一般长约2厘米，宽约1.5厘米。种子每室2枚，有时仅1枚发育，着生于中轴基部，四周有不等的薄膜状翅，上方呈长方形，长约比宽大2倍。花期6~8月，果期8~10月。

②分布。分布于东北、华北、山东、河南、安徽、浙江北部、江西庐山、陕西秦岭以北、甘肃、宁夏、青海南部、四川西北部。常生于山腰的河谷两侧半阴半阳的山坡灌木丛中和稀疏杂木林内及林缘，而在山脊路旁及乱石覆盖的灌木丛中较少，喜肥沃、疏松、湿润、腐殖质较深厚的黄砾壤土和黑砾壤土，常分布在海拔100~1700米，集中在300~900米。也产于日本本州以北及朝鲜和俄罗斯远东地区。

(11) **叉蕊薯蓣**（*Dioscorea collettii*）

①形态特征。

茎。缠绕草质藤本。茎左旋，长圆柱形，无毛，有时密生黄色短毛。根状茎横生，竹节状，长短不一，直径约2厘米，表面着生细长弯曲的须根，断面黄色。

叶。单叶互生，三角状心形或卵状披针形，顶端渐尖，基部心形、宽心形或有时近截形，边缘波状或近全缘，干后黑色，有时背面灰褐色有白色刺毛，沿叶脉较密。

花。花单性，雌雄异株。雄花序单生或2~3个簇生于叶腋；小花无梗，在花序基部由2~3朵簇生，至顶部常单生；苞片卵状披针形，顶端渐尖，小苞片卵形，顶端有时2浅裂；花被碟形，顶端6裂，裂片新鲜时黄色，干后黑色，有时少数不变黑；雄蕊3枚，着生于花被管上，花丝较短，花药卵圆形，花开放后药隔变宽，常为花药的1~2倍，呈短叉状，退化雄蕊有时只存有花丝，与3个发育雄蕊互生。雌花序穗状；雌花的退化雄蕊呈花丝状；子房长圆柱形，柱头3裂。

果。蒴果三棱形,顶端稍宽,基部稍狭,表面栗褐色,富有光泽,成熟后反曲下垂;种子2枚,着生于中轴中部,成熟时四周有薄膜状翅。花期5~8月,果期6~10月。

②分布。分布于四川西部、贵州、云南等省。常生于海拔1 500~3 200米的河谷、山坡和沟谷的次生栎树林和灌丛中。印度和缅甸也有分布。

(12) 黄山药(*Dioscorea panthaica*)

①形态特征。

茎。缠绕草质藤本。根状茎横生,圆柱形,不规则分枝,表面着生稀疏须根。茎左旋,光滑无毛,草黄色,有时带紫色。

叶。单叶互生,叶片三角状心形,顶端渐尖,基部深心形或宽心形,全缘或边缘呈微波状,干后表面栗褐色或黑色,背面灰白色,两面近于无毛。

花。花单性,雌雄异株。雄花无梗,新鲜时黄绿色,单生或2~3朵簇生组成穗状花序,花序通常又分枝而呈圆锥花序,单生或2~3个簇生于叶腋;苞片舟形,小苞片与苞片同形而较小;花被碟形,顶端6裂,裂片卵圆形,内有黄褐色斑点,开放时平展;雄蕊6枚,着生于花被管的基部,花药背着。雌花序与雄花序基本相似:雌花花被6裂,具6枚退化雄蕊,花药不全或仅花丝存在。

果。蒴果三棱形,顶端截形或微凹,基部狭圆,每棱翅状,半月形,表面棕黄色或栗褐色,有光泽,密生紫褐色斑点,成熟时果反曲下垂;种子每室通常2枚,着生于中轴的中部。花期5~7月,果期7~9月。

②分布。分布于湖北恩施、湖南西北部、四川西部、贵州西部、云南。常生于海拔1 000~3 500米山坡灌木林下,或仅见于密林的林缘或山坡路旁。

(13) 蜀葵叶薯蓣(*Dioscorea althaeoides*)

①形态特征。

茎。缠绕草质藤本。根状茎横生,细长条形,分枝纤细。茎幼嫩时具稀疏的长硬毛,开花结实后近于无毛。

叶。单叶互生，有柄，通常比叶柄长；叶片宽卵状心形，长10～13厘米、宽10～13厘米，顶端渐尖，边缘浅波状或4～5浅裂，表面有时有毛，背面脉上密被白色短柔毛。

花。花单性，雌雄异株。雄花有梗，长2～3毫米，常由2～5朵集成小聚伞花序再组成总状花序，有时花序轴分枝形成圆锥花序；花被碟形，基部连合成管，顶端6裂，开花时裂片平展，雄蕊6枚，着生于花被基部，花丝较短，有时弯曲。雌花序穗状，有花40朵或更多，单生或2～3个簇生叶腋；苞片披针形；退化雄蕊丝状或无。

果。蒴果三棱形，长约2.5厘米，宽约1.5厘米，基部渐狭，顶端稍宽大，表面草黄色，有光泽；种子着生于每室中轴基部，向顶端有斧头状的宽翅，长约8毫米。花期6～8月，果期7～9月。

②分布。分布于四川、贵州、云南及西藏的昌都和波密。生于海拔1 000～2 000米的山坡、沟旁或路边的杂木林下或林缘。

(14) 山萆薢 (*Dioscorea tokoro*)

①形态特征。

茎。缠绕草质藤本。根状茎横生，近圆柱形，有不规则分枝，向地的一面着生多数须根。茎光滑，有纵沟。

叶。单叶互生；茎下部的叶深心形，中部以上渐成三角状浅心形，顶端渐尖或尾状，边缘全缘，有时浅波状，表面光滑，绿色，背面沿叶脉有时密生乳头状小突起。

花。花单性，雌雄异株。雄花序为总状或圆锥花序，通常着生于基部的花2～4朵集成伞状，中部以上的花常单生；苞片及小苞片各1，短于花梗；花被片6，基部结合成管，顶端6裂，裂片长圆形，3片较狭，3片较宽；雄蕊6枚，着生于花被基部，顶端向外反曲。雌花序为穗状或圆锥花序，单生，少数2个着生。

果。蒴果长大于宽，顶端微凹，基部狭圆形，熟时果梗下垂；种子扁圆形，着生每室中轴的基部，种翅由两侧向上方渐扩大，上端翅宽于种子1倍以上。花期6～8月，果期8～10月。

②分布。分布于河南南部、安徽南部、江苏宜溧山区、浙江、

福建、江西南部、湖北、湖南、四川宜宾地区及贵州。生于海拔60～1 000米的稀疏杂木林或竹林下，通常沿山沟林下潮湿处生长较好。

(15) 细柄薯蓣（*Dioscorea tenuipes*）

①形态特征。

茎。缠绕草质藤本。根状茎横生，细长圆柱形，直径6～15毫米，表面有明显的节和节间。茎左旋，光滑无毛。

叶。单叶互生，叶片薄纸质，三角形，顶端渐尖或尾状，基部宽心形，全缘或微波状，两面光滑无毛。

花。花单性，雌雄异株。雄花序总状，长7～15厘米，单生，很少双生；雄花有梗，长0.3～0.8厘米；花被淡黄色，基部结合成管状，顶端6裂，裂片近倒披针形，顶端钝或圆，花开时平展，稍反曲；雄蕊6枚，着生于花被管基部，3枚花药广歧式着生，3枚花药个字形着生，花开时6枚雄蕊常聚集在一起，药外向。雌花序与雄花序相似，雄蕊退化呈花丝状。

果。蒴果干膜质，三棱形，每棱翅状，近半月形，长2～2.5厘米，宽1.2～1.5厘米；种子着生于每室中轴中部，成熟后四周有薄膜状翅。

②分布。产安徽南部、浙江、福建、江西南部、湖南南部、广东北部。生于海拔800～1 100米的海滨岩石、山谷的疏林下或林缘，毛竹林内也有，内陆开阔山凹、溪畔落叶灌丛下也有零星分布。

（二）山药的园艺学分类

山药又称薯蓣、淮山、怀山药等。由于历史变迁、生活环境、地理人文等因素影响，山药的别名、俗称很多，很多都是当地人按照地名或者形状命名，导致山药的各种名称有几百种之多，如淮山药、淮山、怀山药、怀药、怀庆山药、嘉祥细毛长山药、长山细毛山药、山西山药、太谷山药等。曾有专家建议我国凡是薯蓣属的植物一律使用"山药"这个名字。但是由于不同的山药品种在形状品质和营养成分等方面有很多区别,所以有些专家不赞成一概而论,认为既要体现山药品种特性,又要避免同一种山药多个名称,因此需要根据实际情况进行分类命名。

1. 按地下块茎形状分类

(1) 长山药。长山药的地下块茎外形表现一般上端细,中下端较粗,呈棒状或长圆柱形;一般长30~100厘米,有些品种最长可达200厘米,直径3~10厘米;外皮灰褐色,生有须根。地上茎细长,蔓性,通常有绿色或紫色中带绿色的条纹,有棱。叶片较小,一般基部为戟状心形。

长山药作为我国山药的主要栽培品种,在我国大部分地区都有广泛栽培,地方品种很多。根据其含水量可以分为两个类型:面山药和脆山药。

①面山药。块茎粗短或细长,肉白色,质地坚实,淀粉含量高,蒸食或煮食口感绵软。我国种植的山药品种很多都属于这一类型。主要山药品种有怀山药、细毛长山药、麻山药、牛腿山药、小白嘴、铁棍山药、大和长芋等。

②脆山药。又名菜山药,其含水量较多,适合炒食。主要的山药品种有水山药、大简早生等。

(2) 扁山药。扁山药的地下块茎扁平,上窄下宽呈扇形或脚掌状,多有纵向褶皱。块茎长30~50厘米、宽度20厘米左右,入土较浅,多生长于表层土或者土质黏重的土壤中。地上茎多有棱,叶片较大,叶形多变,叶脉突出,生长势强。扁山药含水量较少,淀粉、蛋白质和黏液汁含量较高。要在土层较深厚的陆地栽培,不能适应水中环境,但能在潮湿的土地上生长。

扁山药广泛分布在我国中南部,尤以浙江、湖南、江西、山东、四川、台湾、福建和贵州等地较多。与长山药相比,扁山药比较耐热,分布纬度比长山药低,我国扁山药的栽培区域远比长山药靠南,但在广东、海南等地较少。扁山药的变异性状较多,形态各异,很容易与其他的薯蓣属植物混淆,一般在当地多称为"脚板薯""佛手"等。国内的主栽品种有大久保德利2号、脚板薯、银杏薯、安砂小薯等。

（3）圆山药。圆山药的地下块茎外形表现为团块状、圆球状或短粗圆筒状，块茎短粗质硬，长约15厘米，直径10厘米左右，地上茎圆形或有棱，叶片大，叶形多变，叶色较浅，大多是雌株，基本没有零余子。圆山药含水量少，品质好，黏度和淀粉含量高，而且不易变色。

我国的圆山药主要分布在南方水田和黏湿土地区，如广东、福建、台湾、海南和浙江等地，但圆山药的具体地区品种缺乏整理，多以农家品种居多。主要的栽培品种有黄岩薯药、台农1号和农大圆山药1号等。

2. 按地下块茎用途分类

（1）**药用山药**。药用山药地下块茎中含有对人体有害的生物碱等有毒物质，人、畜食用后可中毒，不宜直接食用，需要干制后入药。此类山药多为野生种，栽培种很少。主要的种类有黄独、白薯莨、七叶薯蓣等。

（2）**食用山药**。食用山药是平时我们最常见的类型，是对人畜无毒的可以食用的山药，具有滋补营养和保健功效，药食兼用。基本以栽培种为主，也有野生种可以食用。主要的品种有铁棍山药、西施山药、大和长芋、细毛长山药等。

（3）**工业原料山药**。工业原料山药地下块茎中含有薯蓣皂苷元和鞣质等物质，主要以提取工业原料为主。大多数是野生种，目前也有人工栽培的品种。主要的种类有盾叶薯蓣、三角叶薯蓣等。

3. 按栽培类型分类　可以分为普通山药和大薯两类。普通山药在我国中部和北部等地区分布较广；大薯主要在南方的福建、广东、浙江、江西、台湾等省栽培。

（1）**普通山药**。普通山药是目前栽培面积较大的山药栽培种，品种较多，国内目前栽培的长山药大都属于此类。单叶，互生、对生或者3叶轮生，叶脉7~9条。零余子有或无。地上茎绿色或紫色中带绿色条纹。地下块茎多为长圆柱形或棒状。主要品种有铁棍山药、大和长芋、西施山药、细毛长山药等。

（2）**大薯**。大薯也称田薯、参薯。地上茎多角形而具棱翼；叶柄短，叶片大，叶脉多为7条；地下块茎多为团块状、短粗圆筒状等。圆山药大多属于此类，另外还有一些扁块状山药也属此类。主要的栽培品种有浙江黄岩紫蓣药、江西南城薯、广西苍梧大薯、广东大白薯等。

4. 按种质资源来源分类

（1）**地方品种**。地方品种大都是经过了长期的自然选择和人工栽培选择而培育成的品种，目前我们生产上大多的栽培品种都属于此类。地方品种经济效益优良，对当地的生态环境具有较强的适应力。主要的代表品种有温县铁棍山药、沛县水山药、嘉祥细毛长山药、菏泽西施山药、安砂小薯等。

（2）**引进品种**。从国外或国内其他地方引进的栽培品种，常具有本地品种缺乏的某些优良特性，能较好的适应当地的生态环境，提高经济效益。主要的代表品种有日本大和长芋、大和芋2号等。

（3）**新培育品种**。新培育品种是指应用各种育种方法，在产量、抗性、品质等方面培育出比现有品种更为优良的新品种。随着生产的发展，对山药品种的要求越来越高，不仅仅局限于高产、优质，而且要抗当地流行的主要病害，能够适应某种生态环境，适合多种加工需要或者具有特殊的保健功效。主要的代表品种有农大长山药、农大短山药、农大双胞山药、台农2号等。

（4）**野生种**。没有经过人工驯化栽培，不需要施加任何农药、化肥，能在适宜的土壤环境中萌发并生长发育的山药种类。广泛分布在热带和亚热带山区的灌木丛中、稀疏杂木林和森林的边缘地带等，温带地区也有少量分布。主要的种类有穿龙薯蓣、盾叶薯蓣、黄独、叉蕊薯蓣、三角叶薯蓣等。

二、山药品种资源分布

山药属于高温短日照植物，起源于热带和亚热带地区，按起源地可以分为亚洲群、非洲群和美洲群，经过几千年的演化和生产过程逐渐形成了多个栽培驯化中心，有中国、非洲西部和加勒比海等栽培驯化中心，并以此为中心向周边地区和国家扩展，所以有专家主张把山药的起源中心定为3个，即中国起源中心、非洲西部起源中心和美洲加勒比海起源中心。

(一) 山药起源中心的特点

山药各起源中心的各个种群的驯化是相对独立的，历史久远，各个起源中心的山药之间存在较大差异。

1. 中国起源中心 包括中国、日本、朝鲜、印度、缅甸、越南、菲律宾、印度尼西亚等国家。主要有薯蓣（*D. opposita*）、参薯（*D. alata*）、穿龙薯蓣（*D. nipponica*）、日本薯蓣（*D. japonica*）、刺薯蓣（*D. scortechinii*）、白薯莨（*D. hispida*）等。山药染色体组基数$x=10$，栽培种为多倍体，地下块茎形状多变，可分为长山药、扁山药、圆山药3种类型。长山药块茎细长，长度可达2米；扁山药块茎扁平，上窄下宽成扇形；圆山药块茎短粗，多为团块状或短粗圆筒状。

2. 非洲西部起源中心 包括尼日利亚和西非的几个国家。主要有圆叶山药（*D. rotundata*）、卡耶内恩斯山药（*D. cayenensis*）等。卡耶内恩斯山药原产于非洲的热带森林，圆叶山药为杂种起源。山药染色体基数$x=10$，栽培种为多倍体，植株生长旺盛，根系发达，块茎硕大。

3. 美洲加勒比海起源中心 分布在巴西和圭亚那的边境地区。栽培种只有三裂山药一种，染色体组基数$x=9$，栽培分布较小，仅限于美洲等地。

(二) 我国山药品种栽培分布情况

我国的亚热带地区是山药的原产地和驯化中心。我国的山药野生种类占亚洲野生种类的绝大多数，亚洲其他地区的山药野生种基本上在我国都能找到，并且我国也存在亚洲其他地区没有的野生种。亚洲山药种类虽多，但它们的亲缘关系比较接近。我国拥有悠久的山药种植历史，栽培驯化始于南方地区，经过长期的人工栽培驯化，除了西藏和东北北部等气候条件较差的地区，山药在我国大部分地区都有广泛栽培。全国山药总产量的80%来源于山东、河南、江苏、福建、广东、广西等主要产区。

我国各地区的自然环境和气候差异很大，在长期的人工选择和自然适应过程中，各地区形成了与当地自然环境和生产条件相适应的栽培模式，并且栽培品种也各不相同，经过长期的栽培驯化，在全国范围内形成了不同的山药栽培区域。根据山药不同栽培区域的自然环境和气候特点，结合山药栽培品种，将我国山药栽培区域划分为华南区、华中区、华北区、东北区和西北区5个栽培区域。

1. 华南区 华南区包括台湾、广东、广西、云南、贵州、江西、福建等地，是我国山药的重要产区，山药分布广、栽培历史悠久、品种多。这一地区常年气候温和，年平均气温17~23℃，冬季基本无霜雪。光照充足，雨水充沛，年降水量1 400~1 800毫米。该地区土地肥沃，非常适合山药生长。

华南区是我国的山药的发源地之一，山药的野生资源十分丰富，目前已知的有几十种之多，其中药用价值较高的山药野生种类有盾叶薯蓣、叉蕊薯蓣、三角叶薯蓣、黄山药、粉背薯蓣、蜀葵叶薯蓣等。

主栽品种有台湾的台农1号，广东的葵薯、耙薯、早熟大白薯、晚熟大白薯、白圆薯、长白薯，福建的银杏树，广西的苍梧大条薯、黎洞薯、长红薯，江西的大板薯、脚板薯、千金薯、牛腿薯等。

2. 华中区 华中区包括长江流域、淮河流域和四川盆地等广大地区，涵盖了江苏、安徽的南部、浙江、湖南、湖北和四川等省。该地区气温较高，年平均气温15~18℃，无霜期较长，一般在250天以上，夏季长而炎热，冬季较短，雨水较多，年降水量1 000~1 500毫米，温光资源丰富，气候适宜，山药生长良好。

华中区的野生资源主要有紫黄姜、山萆薢、细柄薯蓣、山薯、黄独等。

该地区为南北山药的过渡区，种植的品种主要是普通山药和少量的参薯。主栽品种有四川的大脚板苕，湖南的早熟大白薯、晚熟大白薯，江苏、浙江、湖北、安徽等省的米山药、怀山药，湖北的瑞昌山药。

3. 华北区 华北地区包括山东、山西、陕西、河北、江苏北部、安徽北部、陕西的部分地区，是著名的山药产区之一，也是我国种植山药面积最大，种植较集中，集约化、机械化程度最好的地区。目前，已经形成了一定规模的菜用山药基地、药用山药基地和出口加工山药原料基地，每年都有大量山药及加工品出口到国外。该地地处温带，属大陆性气候，年平均气温10～14℃，绝大部分地区春、秋季节短，昼夜温差大，春季多风，气候干燥，常有春旱出现，一般年降水量500～700毫米，且分布不均，7～8月多暴雨；无霜期较短，一般在200天左右，山西北部、河北北部仅130～150天。但由于日照时间长，光照充足，秋季昼夜温差大，有利于山药干物质的积累和产量的提高。

华北区的野生山药主要有穿龙薯蓣、盾叶薯蓣、薯蓣等。

主栽品种有大和长芋、铁棍山药、西施山药、菏泽鸡皮糙，以及山东济宁的米山药，嘉祥的细毛山药，江苏丰县、沛县的花籽山药，邹平的长山细毛山药，盐城的兔子腿山药，河南的怀山药，河北蠡县的麻山药，河北安国的小白嘴等。

4. 东北区 东北地区是新兴的山药产区，山药栽培的时间短、品种少，大部分品种是从河北、山东引进的山药品种，其中以大和长芋为主。东北地区包括辽宁、吉林、河北北部、内蒙东部、黑龙江南部地区。该地区冬季长而严寒，年平均气温7～12℃，无霜期短，大部分地区130～50天，辽宁西部和内蒙古东部的无霜期仅100天，年降水量400～600毫米，但由于光照充足，昼夜温差大，在肥料和水分充足的条件下，山药仍能获得较高的产量，东部地区雨量大，无霜期也长，山药生长均好。

东北区的野生山药主要有穿龙薯蓣和薯蓣等。

主栽品种有引进的米山药、怀山药、毛山药，当地品种有吉林棒山药、黑山药等。

5. 西北区 西北区包括新疆、甘肃和内蒙古的包头地区山药栽培主要集中在河水灌溉区。这一地区位于温带，属于内陆型干燥气候，年平均气温为6～8℃，冬季寒冷，无霜期短，一般在120～150天；气候干燥多风，降水量少，年降水量为200～300毫米，且70%集中在夏季。但是这一地区光照充足，昼夜温差大，灌溉条件好，一般都是滴灌，因此产量高，品质好，特别是外皮颜色好，因此效益不错。

该地区山药栽培分布较小，栽培品种不多，多为引进品种，主栽品种为大和长芋、鸡皮糙、怀山药等。

第三章
山药品种资源的搜集与保护

一、山药种质资源的搜集

(一) 山药种质资源收集的作用与意义

1. 种质资源 种质是指能从亲代传递给后代的遗传物质,是生命延续和种质资源种族繁衍的保证。种质资源是携带种质的载体,具有遗传潜能,具有个体的全部遗传物质。种质资源可以是群体、一株植物或某个器官,如根、块茎、胚芽及种子,或者是细胞等。从广义上讲,种质资源包括由许多不同个体的基因型所组成的群体,如古老的地方品种、新培育的推广品种、重要的遗传材料及野生近缘植物等。山药种质资源包括主栽品种、地方品种、近缘野生种和原始栽培种及育种材料。这些都是山药在自然进化过程中或人工创造变异中形成的各种基因,是山药新品种选育和生产及研究的物质基础。

2. 山药种质资源收集的作用与意义 山药种质资源是山药品种选育、遗传理论研究、生物技术研究和农业生产的重要物质基础。世界各地都非常重视山药种质资源的收集保存。美国国家农作物种质资源库保存有来自35个国家的401份山药种质资源。我国山药种质资源丰富,在国家无性及多年生种质资源圃中已收集保存山药种质资源44份,主要为来自全国各地的地方品种,这对山药的生产、育种都具有重要的意义。随着科学的发展和育种工作的深入,山药种质资源发挥的作用越来越大。

(1) 山药种质资源为生产提供优良的品种。山药种质资源种类越多,基因资源越丰富,育种的选育方向更加多样化,从而选育优良品种的的机会就越大,优良的品种是山药高效生产的基础,是推动山药产业发展的重要动力。比如要想培育抗病品种,首先要找到携带抗源的种质资源,否则将无法获得抗病基因,不能实现抗病育种。

(2)山药种质资源是山药起源、演化和分类研究基础上的物质基础。进行山药起源、演化和分类工作,都是建立在山药种质资源的基础上的,山药种质资源包括了山药的全部遗传信息,山药的生物学特性、进化演变过程以及种类都是要通过种质资源来呈现或挖掘的。

(3)对山药种质资源的挖掘,可以拓宽其用途和应用价值。山药的用途很广泛,可作为食材、药材、加工原料等,山药种质资源的多样化,可为加工、制造提供更多专用材料,如山药酒、山药罐头、山药片等。

山药种质资源不仅是育种成败的关键,同时也是分类学必备的基础材料,但是山药种质资源分布范围较分散,特定地区所拥有的山药资源数量较少,不能满足育种和生产的需要,因此,山药种质资源的收集工作就显得尤为重要。

(二)山药种质资源的收集方法

山药种质资源的收集包括具有研究应用价值或潜在研究应用价值的材料,如野生近缘种、地方品种(农家品种)、育成品种(品系)以及特殊遗传材料等,包括信息的收集和种质的收集。

1. 种质信息的收集 种质信息的收集包种质资源的分布情况、种质资源的保存交流信息、种质资源的创新利用信息以及种质资源的鉴定信息等。及时收集这些种质信息对于提高种质资源的收集效率具有重要意义。种质信息的收集渠道主要有文献检索、学术交流、网络搜索及信件电话咨询等。

(1)**文献检索**。通过对国内外的专业书籍、学术文章的检索查阅,可以检索到一些基本的山药种质资源信息。如专业书籍对山药资源的描述、应用和评价,以及学术文章中所使用的试验材料、试验结果以及新育出的优势特色品种等。

(2) **学术交流**。学术交流是专业信息的汇集,通过组织或者参加山药以及相关方面的学术交流会议,可以及时了解行业内种质信息动态。

(3) **网络搜索**。随着互联网的飞速发展和计算机性价比的不断提高,在网络上进行信息检索、查询等也变得越来越方便,很多种质资源机构也将种质数据库链接到网页上,查阅起来十分方便。

(4) **信件、电话咨询**。对可能持有种质资源的单位或个人可以直接进行信件、电话咨询,详细咨询有关种质信息。该方法也是获取山药种质信息较便捷的方法。

2. 种质的收集

(1) **私人赠送和友好交换**。通过适当途径和国内外种质持有者取得联系,希望对方能够赠送所需的种质。友好交换是通过交换既能够让双方获得所需种质,又能够促进种质的交流和利用,是种质持有者乐于接受的一种种质收集方式。这种方式在山药引种、收集方面应用较多。

(2) **公益性引种**。公益性引种是一种比较方便快捷的种质资源收集方式。随着世界资源共享体系的建立,目前许多国家都建立了国家种质库和地方种质库,这些种质库大多是公益性的。如美国已经建立了功能强大的国家植物种质资源体系(NPGS),包含了国家种质库,各个引种站和无性资源圃(相当于我国的中期库和资源圃),并建立了种质资源信息网(Grin),引种者可直接登陆网络查询种质信息并提交引种请求。此外俄罗斯、英国、印度、日本等国家也建立了规模不等的种质库,这些种质机构在种质对外分发利用方面开放程度也各不相同。我国也建立了以国家长期库为种质战略贮备、中期库为纽带的种质收集、保存和分发利用体系,并正在进行农作物种质资源共享平台建设。其中,国家长期库负责各种农作物种质资源的战略贮备和长期保存,一般情况下不对外提供分发利用,因此一般引种者无法从长期库引种,但中期库备份有长期库保存的种质资源并对外提供分发利用,引种者可以根据所引的作物种质从不同的作物中期库引种。山药这方面的工作进展缓慢,山药种质库还不是很健全。

(3) **考察收集**。深入山药主产区或者栽培中心进行考察收集是一种高效的种质收集方式。由于原产地或者栽培中心区域内的种质类型丰富,遗传背景宽厚,容易发现并收集到新的种质资源。对收集来的种质需要进行检疫、消毒、隔离种植观察,防止检疫对象的传播和扩散;对于原种量特别少的种质可先采取组织培养手段扩繁进行保存。

二、山药种质资源的保护

(一) 山药种质资源保护的意义

种质资源是非常宝贵的自然资源和农业遗产,是决定生物"种性"(遗传性)并将其遗传信息从亲代传递给后代的遗传物质的总称,一个DNA片段、甚至一个基因均属于种质的范畴。但是随着自然环境和人类社会的发展,种质资源流失严重,一些稀有品种随时都有可能消亡。山药作为一种特色经济作物,但非普遍种植的大宗作物,虽越来越受到重视,但是保护力度还很弱,一些好的种质资源未能及时保护起来。

造成山药种质资源流失的原因主要有:

1. 自然灾害 由于干旱、水涝等自然灾害的发生,导致一些原始野生种灭亡,在自然灾害比较严重且频繁的地区尤其明显。

2. 人类活动的影响 大规模的过度开垦荒地,将荒地变成了农田或建筑用地,改变了生态环境,使一些野生品种资源或近缘野生种濒临灭绝。

3. 人工种植或育种选择的结果 随着山药药用和食用以及其他价值的挖掘,山药的种植面积不断扩大,为了追逐高产、优质、高效,各地农户或育种者在对山药品种资源进行筛选时,将产量低、品质差或经济效益低的品种逐渐淘汰掉,而保留那些优质、高产、高效的新品种。但这些古老品种在某一个或某些特定方面具有独特的作用，如抗性、不育性、矮化性等。新品种不断更替传统种植品种，致使一些老品种，特别是古老的地方品种逐渐消失。优质新品种的推出往往出现大面积的跟风推广，对地方老品种冲击很大，这也使得山药遗传资源越来越单一、匮乏。一旦气候条件发生改变，或是出现新的病害，就会造成毁灭性的损失。

4. 品种混杂，品性退化严重 山药品种资源较多，在长期的驯化过程中形成了一系列的地方品种，我国主要有两大品系，50多个品种。但由于山药的品种命名在我国没有形成科学统一的方法，大多都是地方名，随着各地品种交流的频繁，导致品种名称混乱，同名异种、同种异名现象严重，品种混杂严重。由于山药的无性繁殖作物，种薯年年连用，种栽更新较慢，再加上常年连作，导致山药品种的品性退化严重。

因此，为抵抗这些自然或人为因素导致的种质资源消亡，山药种质资源的保护刻不容缓。同时，山药种质资源的保护还具有重要的国家战略意义。

种质资源与遗传资源或基因资源同义，但"基因库"具有不同的含义，基因库是某一物种所包含的形形色色基因的总和。品种（种质资源）是农业生产和育种的物质基础，是提高产量、改进品质、抵御各种病虫害的"武器库"。近年来有人甚至提出了"种子战""基因战"的口号，说明人们已经认识到"谁控制了种子（种质)，谁就控制了农业的未来"。进入21世纪以来，世界各蔬菜育种强国，如日本、以色列、荷兰、美国、韩国等各大种子公司大举进军我国蔬菜种子市场就是一个例证。因此，对种质资源的拥有量和对其研究利用的程度成为一个国家育种水平和科研实力的标志，并直接关系到一个国家的农业战略安全。

（二）山药种质资源保护的方法

1. 原生境保存 指原来生境下进行就地保护，以自然保护区来实现。这种方法在山药种质资源保护中很少用到。

2. 异地保存 指把种质材料的种子、块茎块根、无性繁殖材料保存于基因库或资源圃。

（1）**种质基因库保存**。种质基因库是收集和长期保存植物体的一部分活组织（包括种子）的保存库。种质基因库中保存的材料主要有种子、花粉、培养组织、一部分营养器官、DNA等。保存种子的种质基因库又称种子库，其保存条件涉及种子生理代谢的各种条件，可保存的时间长短依种类不同而异，一般保存在5℃或更低温度条件下，或保存含水量为5%～7%的种子于密闭容器中，或保存种子于相对湿度低于20%的条件下，亦可将种子保存在液态氮中（-196℃）。有生命活力的种子都要进行生理代谢，所以种子的保存时间还是有限的，需要定期进行检测，当种子的发芽率低于20%时，就需要更新种子，那些难以得到种子或种子不易保存的种类，一般以培养组织在低温（-2℃）的条件下进行长期保存。但长期继代培养的组织会产生染色体裂变而导致遗传基因的不稳定性，若将培养组织保存在液态氮（-196℃）中，则能保持其遗传稳定性。现代还可以从植物体中分离出DNA或DNA片断进行DNA的长期保存。此外，还可以在一定条件下保存花粉和一些营养器官。

（2）**资源圃**。亦称种质圃田间基因库。是保存活体种质资源的园地。用于活体保存野生品种、栽培品种、引进品种、单株和近缘植物等。田间分自然生长和试验两区块，分别供观察、鉴定用。一般自然生长区行距较大，不同品种之间要完全隔离，特别是对于有零余子的品种，可采用禾本科作物进行间隔，防止不同种质之间混杂。试验区也要做好品种隔离工作。根据品种情况和试验的要求，需要进行单株种植。目前山药的种质资源保存方法主要是田间种植保存。在山药的主产区建有很多种质资源圃，比较大的有河南省焦作市温县农业科学研究所的山药种质资源圃，该资源圃保存了引自全国各地的不同基因型山药品种50多个，向许多研究单位或个人提供材料用作评价利用，在山药的育种、基础研究、生产利用及国际交流等方面发挥了重要的作用。广西等地也建有规模不等的山药种质资源圃。

3. 种质离体保存 离体保存是利用现代生物技术进行异地保存的一种特殊方式，应用前景广阔。该方法是将植物外植体在无菌环境下进行组织培养，并贮存在各类生长抑制条件下，使其缓慢生长或停止生长，以达到长期保存的目的，而在需要利用时可迅速恢复正常生长。种质资源的离体保存打破了植物生长季节限制，具有节省贮存空间、便于运输和交流等优点。对于利用营养器官繁殖的材料，可防止多代繁殖造成种性退化及病毒感染，保证了种质的优良性和遗传稳定性。多年来，人们努力探索和发展了种质资源离体保存的两个系统：缓慢生长保存系统和超低温保存系统。

（1）缓慢生长保存系统。指通过调节培养条件，抑制保存材料生长，实现延长继代时间，减少操作和节省劳力的保存方法。影响离体保存的因素有保存时的光照、温度、湿度，季节变化，培养基中生长调节物质，种质资源的地理分布和生态类型等，可以根据具体材料采取不同的方法来延缓其生长。这种方法可以使保存材料维持不断生长，取出部分材料进行鉴定或用于育种之后，可以用余下材料进行及时补充，能保证保存材料的充足供应。该方法保存时间较常规离体保存方法生长缓慢，可减少继代次数，减少褐化现象和污染率。

（2）超低温保存。指在 $-80℃$ 及更低温度下保存生物材料，国外研究者Withers和Fuller把超低温的温度限定在 $-130℃$ 及以下，但无论如何，在 $-80℃$ 以上保存的材料是不稳定的。虽然 $-80℃$ 保存能够保持材料的冻结状态，短期内对细胞的活力没有太大的影响，但细胞内会发生水分转移和重结晶现象，最终导致细胞结构的破坏和死亡。因为液态氮化学性质稳定而价格又比较便宜，使得液态氮成为超低温保存中最常用的冷冻介质。当材料悬挂在液氮上方气相介质中时温度约为 $-130℃$，而当材料浸没在液氮中时温度为 $-196℃$。因为在超低温下，活细胞内的物质代谢和生命活动几乎完全停止，生命物质处于非常稳定的生物学状态，故贮藏期间很少发生遗传状态的改变或形态潜能的丧失，因此超低温保存被认为是

"永久"保存生物样品的理想方法。由于在生物圈内找不到自然的超低温条件，由此可见，超低温保存是随着制冷技术的进步出现的新鲜事物。超低温保存已经应用到很多作物上，如马铃薯、葱、蒜、苹果等。超低温保存可以大大减慢甚至终止代谢和衰老过程，保持了材料的生物稳定性，减少了遗传变异的发生。该方法克服常温及低温保存过程中不断继代而产生的遗传不稳定性，且可节省工作量、减少污染率等。

超低温保存的难易程度与植物种类有很大关系，同种植物外植体不同，超低温保存的难易程度也有很大差异。其中，茎尖分生组织是超低温保存最理想的外植体，冻存的茎尖分生组织不仅能直接分化生长成完整的小植株，快速进行无性繁殖，还能减少遗传变异。

超低温保存的方法主要有慢冻法、快冻法、玻璃化法、包埋/脱水法、包埋/玻璃化法。超低温保存法不仅使种质达到了长期保存的目的，而且不容易发生遗传变异，减少工作量和污染率等，但是该方法成本较高，对保存技术和条件要求较高，普及化程度较低。

（三）山药种质资源新种质的创制

山药是无性繁殖植物，常规育种方式较难，目前山药上的品种选育多是通过田间选育，一年年提纯复壮而得到的。该方法选育过程较慢，且不能改变基因型。山药的新种质创新有两种途径，一种是人工诱变，另一种是利用转基因和分子生物学创造新种质。利用这两种方法创造的种质基因型发生改变，拓宽了种质资源的基因型范围，是两种新型的育种方法。

1. 人工诱变创造新种质 利用秋山仙碱、辐射线、异常温度等化学或物理因素，诱导生物体遗传性状发生变异，再通过选择，培育出新物种。秋水仙素的四倍体诱变和体细胞培养中添加病菌毒素筛选抗病突变体都是结合化学诱变进行的。利用物理辐射可诱发比自发突变频率高几百倍甚至上千倍的突变，而且有较广的变异谱，可以诱发产生自然界少有的或一般常规难以获得的新性状、新类型，丰富植物种质资源。徐州农业科学院的史新敏利用钴60γ射线辐照处理山药茎段，获得了新品种苏蓣2号。

体细胞无性系变异是指通过离体培养获得的植株所表现出的变异。在植物离体培养过程中可以通过物理或化学诱变使体细胞发生变异，从而获得体细胞变异体，为抗性突变体的筛选打下基础。EMS（甲基磺酸乙酯）是目前在植物诱变育种中应用最广泛、最有效的化学诱变剂之一。其诱变不仅可以产生丰富类型的突变体，而且可以不经过遗传转化，即可获得一些不同性状的优良种质。由于其作用主要是诱发点突变，不易造成染色体畸变，且稳定性好，因而被广泛用于构建突变类型。陈芝华等利用EMS诱变剂诱导明淮2号山药愈伤组织，获得了变异再生苗。

2. 利用转基因和分子生物学创造新种质　品种间的杂交只是现有基因的组合，不能改变基因结构，它的类型是有限的，并不能从根本上扩大遗传基础。因此现代育种把远缘杂交作为手段，从远缘野生或半栽培类型中将有用基因导入栽培品种，促使作物进化创造新品种已成为一条重要的育种途径。该途径在大豆、棉花、玉米等作物上已取得较大的成功，但在山药上未见报道。

第四章
山药常用主栽品种介绍

山药的地域性较强,在生产栽培过程中,逐渐形成了一些地方特色品种。东亚地区山药主栽品种主要有中国的北方山药群、南方山药群及日本山药群,共32个品种,现将其品种特性介绍如下:

一、北方山药群

(一)长山细毛山药

1. 品种来源 长山细毛山药原为山东邹平长山镇的地方品种。

2. 品种特性 该品种茎截面圆形。茎蔓紫色,右旋。叶片浅裂心形,先端渐尖,基部耳形,叶脉7条,叶色绿,叶柄及两端均为紫色。叶腋间着生零余子,褐色,棒状,长1.7~2.85厘米。雌雄异株,常见的多为雄株,可开花。地下块茎

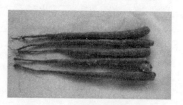

图4-1 长山细毛山药

条形较直,棍状,外表皮褐紫色,内皮层黄白色,肉质白;块茎长70~100厘米、粗2.0~4.3厘米;单株块茎重0.2~0.9千克;毛根细,外皮薄,肉质细腻、绵软,口感较好。块茎含粗蛋白14.48%、粗脂肪3.78%、淀粉43.7%、全糖1.14%,富含16种氨基酸,是一种滋补性较强的食材(图4-1)。

3. 栽培要点 长山细毛山药地下块茎较细长,适合种植在土层深厚、透气性好、肥沃的沙壤土中,且挖沟种植时,沟深要达到100~120厘米。起垄双沟种植密度为4 169株/亩,株距20厘米左

右，行距80厘米，产量1 500~2 000千克/亩。

(二) 牛腿山药

1. 品种来源 牛腿山药原为山东曲阜的地方品种。

2. 品种特性 该品种茎截面圆形。茎蔓紫色，右旋。叶片中裂心形，先端渐尖，基部耳形，叶脉7条，叶色绿，叶柄及两端均为紫色。叶腋间着生零余子，褐色，椭圆形，长1.7~2.3厘米。常见的多为雄株，可开花。地下块茎牛腿状，外皮光滑，为褐紫色，内皮层黄白色，肉质白，维管束粗大，含水量大，肉质不细腻，较脆，适合菜用。块茎长65~90厘米、粗4.0~7.3厘米，单株块茎重0.5~1.5千克（图4-2）。

图4-2 牛腿山药

3. 栽培要点 牛腿山药的地上部长势较强，地下块茎产量较高，抗病性一般，因此种植时忌重茬，选择有机质含量较多的沙壤土，加强田间病虫害防治。一般适宜种植密度为4 000株/亩左右，株距20厘米，行距80厘米，产量3 000~5 000千克/亩。

(三) 鸡皮糙山药

1. 品种来源 鸡皮糙山药原为山东定陶县的地方品种。

2. 品种特性 该品种因地下块茎外表皮粗糙，且多呈鸡皮状凸起而得名。茎截面圆形，茎蔓紫色，右旋。叶片深裂心形，先端渐尖，基部耳形，叶脉7条，叶色绿，叶柄及两端均为绿色。叶腋间着生零余子，褐色，椭圆形，长1.7~2.7厘米。常见的多为雌株，可开花。地下块茎为棍状，条形细直，外皮粗糙似鸡皮疙瘩，褐紫色，内皮层黄白色，肉质白，块茎长65~90厘米，粗2.3~5.3厘米，单株块茎重0.2~0.5千克，产量800~2 100千克/亩。此品种肉质较细腻，维管束较细，粉大，比较干腻，有点香甜，蒸食口感较好（图4-5）。

3. 栽培要点 鸡皮糙山药前期长势较弱,后期长势较强,在6月底7月初时,易发生病害,及时喷一遍代森锰锌可湿性粉剂,可有效控制病害的扩展。

(四) 西施山药

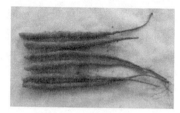

图4-3 鸡皮糙山药

1. 品种来源 西施山药原为山东定陶县的地方品种。

2. 品种特性 该品种茎截面圆形,茎蔓紫色,右旋。叶片深裂心形,先端渐尖,基部耳形,叶脉7条,叶色绿,叶柄及两端均为紫色。未见零余子。常见的多为雌株,可开花。地下块茎棍状,条形细直,外皮光滑、

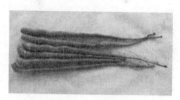

图4-4 西施山药

褐紫色,内皮层黄白色,肉质白;块茎长65~90厘米、粗2.3~5.3厘米,单株块茎重0.2~0.5千克;维管束较细,肉质较细腻,粉性大,很干腻,味香,略甜,口感好,适合蒸食或做粥用(图4-4)。

3. 栽培要点 可采用起垄双沟种植,适宜的种植密度为4 169株/亩,株距20厘米左右,行距80厘米,产量1 000~2 100千克/亩。种植区域主要分布在山东等周边地区。西施山药是菏泽陈集的优质山药品种,目前陈集山药已申请了地理性标志产品,以其独特的品质享誉国内外。但是西施山药中后期地上部叶片病害很严重,到中后期叶片几乎落光,因此,在种植过程中,要加强病害的防治。

(五) 嘉祥细毛长山药

1. 品种来源 嘉祥细毛长山药原为山东嘉祥县的地方品种。

2. 品种特性 该品种茎截面圆形,茎蔓紫色,右旋。叶片浅裂心形,先端渐尖,基部耳形,叶脉7条,叶色绿,叶柄及两端均为紫色。叶腋间着生零余子,棒状,褐色,长1.7~2.55厘米。常

见的多为雄株，可开花。地下块茎为棍状，条形直，外皮光滑、褐紫色，内皮层黄白色，肉质白；块茎长65～90厘米、粗2.3～5.3厘米，单株块茎重0.2～0.5千克；肉质细腻，维管束很细，较软，粉大，很干腻，味香，略甜，蒸食口感很好（图4-5）。

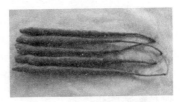

图4-5 嘉祥细毛长山药

3. 栽培要点 起垄双沟种植密度为4 169株/亩，株距20厘米左右，行距80厘米，产量1 000～2 100千克/亩。嘉祥细毛长山药出苗较晚，种植前应提前催芽，特别是采用地下块茎茎段播种时，可放到温室或小拱棚中，保持一定的温、湿度集中催芽。

（六）垆土山药

1. 品种来源 垆土山药是河南温县的一个地方品种。

2. 品种特性 该品种茎截面圆形，茎蔓绿色，右旋。叶片深裂心形，先端渐尖，基部耳形，叶脉7条，叶色绿，叶柄及两端均为绿色。叶腋间着生零余子，褐色，椭圆形，长1.8～1.9厘米，数量较稀少。常见的多为雌株，可开花。地下块茎

图4-6 垆土山药

棍状，外皮粗糙，为褐紫色，内皮层黄白色，肉质白；块茎长70～85厘米、粗2.0～4.0厘米，单株块茎重0.2～0.6千克。该品种条形较直，肉质细腻，维管束较细，蒸熟后较软，较糯，较粉，较干腻，香，较甜，口感很好（图4-6）。

3. 栽培要点 起垄双沟种植密度为每亩3 300～4 100株/亩，株距20厘米左右，行距80厘米，产量1 000～1 800千克/亩，在山东、河南等地种植较多。垆土山药风味独特，但产量较低，地上部植株长势较弱，应加强田间肥水管理和病虫害防治，科学施肥，从而提高其产量。

(七) 铁棍山药

1. 品种来源　温县铁棍山药是河南温县的一个地方品种。

2. 品种特性　该品种茎截面圆形，茎蔓绿色，右旋。叶片深裂心形，先端渐尖，基部耳形，叶脉 7 条，叶色绿，叶柄及两端均为绿色。叶腋间着生零余子，褐色，椭圆形，长 1.1～1.65 厘米，零余子数量较少。常见的多为雌株，可开花。块茎

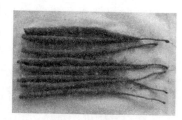

图 4-7　铁棍山药

棍状，为褐紫色，内皮层黄白色，肉质白；块茎长 65～105 厘米、粗 2.5～4.0 厘米，单株块茎重 0.28～0.63 千克。该品种条形直，外表皮粗糙，肉质细腻，维管束较细，蒸熟后软，较糯，较粉，较干，较香，口感很好。铁棍山药因其质地坚实、粉性足、块茎细直像铁棍而得名，又因较高的营养价值和极佳的口感深受人们的喜爱（图 4-7）。

3. 栽培要点　该品种种植区域较广，主要分布在山东、河南、河北、安徽、浙江、湖北、湖南等地。但由于其较细长，产量较低，且采收人工成本高，致使主产区的种植面积逐渐缩小，因此改进栽培技术，提高其产量是生产中亟需解决的关键问题。一般起垄双沟种植密度为 4 169 株/亩，株距 20 厘米左右，行距 80 厘米，产量 1 500～2 000 千克/亩。

(八) 怀山药

1. 品种来源　怀山药是河南温县的一个地方品种。

2. 品种特性　该品种茎截面圆形，茎蔓紫色，右旋。叶片深裂心形，先端渐尖，基部耳形，叶脉 7 条，叶色绿，叶柄及两端均为紫色。叶腋间着生零余子，褐色，不规则，长 1.7～2.9 厘米。常见的多为雄株，可开花。地下块茎棒状，褐紫色，内皮层黄白色，肉质白，块茎长 60～80 厘米、粗 3.0～5.1 厘米，单株块茎重 0.5～1.6 千克。该品种条形较直，外表皮较粗糙，维管束较粗，

脆，含水量大。蒸食口感不好，以药用为主，药食兼用，适合做山药干（图4-8）。

3. 栽培要点 可采用起垄双沟种植方式，种植密度适宜为 3 300～4 100 株/亩，其产量为 2 800～3 300 千克/亩。山药植株生长势较强，适

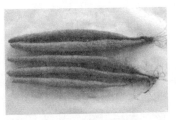

图4-8 怀山药

宜种植区域范围较广，主要分布在河南温县、泌阳、孟州、博爱、武陟等，其中淮阴地区种植面积较大。市场上的怀山药混杂现象比较严重，名字叫法也比较乱。现在"怀山药"已经成为药山药和绵山药的统称，包括汾阳山药、临汾山药、文水山药、平遥山药等很多山药品种，以及山西、河南、河北、陕西、山东和内蒙古等地的绵山药。

(九) 麻山药

1. 品种来源 麻山药是河北保定安国县的一个地方品种。

2. 品种特性 该品种茎截面圆形，茎蔓紫色，右旋。叶片为浅裂心形，先端渐尖，基部耳形，叶脉7条，叶色绿，叶柄及两端均为紫色。叶腋间着生零余子，褐色，不规则，长1.65～2.65厘米。雌雄异株，常见的多为雄株，可开花。地下块茎棒状，

图4-9 麻山药

外表皮粗糙，深褐色，内皮层黄白色，肉质白，块茎长60～85厘米、粗为3.0～5.4厘米，单株块茎重0.5～1.3千克。该品种长势很好，但麻味大，维管束粗大，含水量稍大，蒸食口感不好（图4-9）。

3. 栽培要点 采用起垄双沟种植方式，适宜种植密度为 4 169 株/亩，株距为20厘米左右，行距为80厘米，产量为 2 600～4 000 千克/亩。麻山药的植株长势较强，抗病性较好，但不宜在盐碱地种植，适宜疏松肥沃的地块，种植区域主要分布在河北、山东等地。

(十)小白嘴山药

1. 品种来源 小白嘴是河北保定的一个地方品种。

2. 品种特性 该品种茎截面圆形,茎蔓紫色,右旋;叶片浅裂心形,先端渐尖,基部耳形,叶脉7条,叶色绿,叶柄及两端均为紫色。叶腋间着生零余子,褐色,棒状,长1.7~

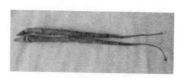

图4-10 小白嘴山药

3.4厘米。雌雄异株,常见的多为雄株,可开花。地下块茎棍状,外表皮光滑、褐紫色,内皮层黄白色,肉质白,块茎长70~95厘米、粗2.7~3.7厘米,单株块茎重0.35~0.8千克。该品种外表皮颜色较浅,蒸熟后软,粉性较大,含水量中等,香,较甜,口感很好,是有名的山药优质品种,深受人们喜爱,常用于蒸食或熬粥(图4-10)。

3. 栽培要点 该品种栽培历史悠久,种植面积逐年扩大,主要分布在河北深州、安平、安国、深泽、蠡县等地。小白嘴山药栽培受土壤的影响较大,种在土质较硬、肥力较差的地块,地下块茎畸形率较高、产量低、商品性较差,适合种植在土层深厚、有机质含量较高的沙壤土中,起垄双沟种植适宜密度为3 300~4 100株/亩,产量为2 000千克/亩左右。

(十一)清苑紫药

1. 品种来源 清苑紫药是河北保定的一个地方品种。

2. 品种特性 该品种茎截面圆形,茎蔓紫色,右旋。叶片浅裂心形,先端渐尖,基部耳形,叶脉7条,叶色绿,叶柄及两端均为紫色。叶腋间着生零余子,褐色,棒状,长1.7~3.1厘米。雌雄异株,常见的多

图4-11 清苑紫药

为雄株,可开花。地下块茎棍状,外皮光滑、褐紫色,内皮层黄白色,肉质白,块茎长70~95厘米、粗3.0~5.1厘米,单株块茎重

0.45～1.5千克。该品种条形较直，外表皮较光滑，蒸熟后软，较粉，干，香，较甜，肉质细腻，口感很好（图4-11）。

3. 栽培要点 清苑紫药对土壤要求较高，适合生长在肥力深厚、疏松透气的沙质壤土中，该土质中生长的山药块茎条形直、光滑，商品性好，产量高。起垄双沟种植每亩适宜的种植密度为3 300～4 100株/亩，产量为3 000千克/亩左右。

（十二）济宁米山药

1. 品种来源 济宁米山药是山东济宁的一个地方品种。

2. 品种特性 该品种茎截面圆形，茎蔓紫色，右旋。叶片中裂戟形，先端渐尖，基部戟形，叶脉7条，叶色绿，叶柄及两端均为紫色。叶腋间着生零余子，褐色，椭圆形，长1.7～2.45厘米。常见的多为雄

图4-12 济宁米山药

株，可开花。地下块茎为圆柱形，外皮褐紫色，内皮层黄白色，肉质白，块茎长70～90厘米、粗3.4～7.4厘米，单株块茎重0.45～2.2千克。该品种蒸熟后较软，较粉，较干，稍香，有甜味，口感较好（图4-12）。

3. 栽培要点 济宁米山药抗病性较差，前期长势较好，中后期叶片病害较严重，严重时整株叶片布满黄褐色斑点，因此，种植过程中应及时喷药预防，加强田间的肥水管理。采用起垄双沟种植方式，适宜的种植密度为4 169株/亩，株距20厘米左右，行距80厘米，每亩产量为3 500～4 000千克。

（十三）弯头长芋

1. 品种来源 弯头长芋是山东济宁的一个地方品种。

2. 品种特性 该品种茎截面圆形，茎蔓紫色，右旋。叶片深裂戟形，先端渐尖，基部戟形，叶脉7条，叶色绿，叶柄及两端均为紫色。叶腋间着生零余子，褐色，椭圆形，长1.6～2.3厘米。

常见的多为雄株，可开花。地下块茎圆柱形，外皮褐紫色，内皮层黄白色，肉质白，块茎长70～90厘米，粗3.5～5.0厘米，单株块茎重0.55～1.3千克。该品种蒸熟后硬，较脆，不粉，含水量较大，稍甜，口感一般（图4-13）。

图4-13 弯头长芋

3. 栽培要点 起垄双沟种植密度为3 300～4 100株/亩，株距20厘米左右，行距80厘米，产量为3 500千克/亩左右。

（十四）毕克齐山药

1. 品种来源 毕克齐山药是内蒙古呼和浩特的一个地方品种。

2. 品种特性 该品种茎截面圆形，茎蔓紫色，右旋。叶片浅裂戟形，先端渐尖，基部戟形，叶脉7条，叶色绿，叶柄及两端均为紫色。叶腋间着生零余子，褐色，椭圆形，长1.65～2.6厘米。多为雌株，可

图4-14 毕克齐山药

开花。地下块茎扁柱状，外皮褐紫色，内皮层黄白色，肉质白，块茎长50～76厘米、宽2.4～4.3厘米，单株块茎重0.2～0.5千克。该品种生食时较硬，较甜，较脆，口感一般；蒸食时较软，粉小，含水量大，略香，口感还可以（图4-14）。

3. 栽培要点 起垄双沟种植每亩适宜的种植密度为3 300～4 100株/亩，株距20厘米左右，行距80厘米，产量为1 200千克/亩左右。

（十五）红庙山药

1. 品种来源 红庙山药是陕西汉中的一个山药品种。

2. 品种特性 该品种茎截面圆形，茎蔓紫色，右旋。叶片深裂心形，先端渐尖，基部戟形，叶脉7条，叶色绿，叶柄及两端均

为紫色。叶腋间着生零余子，褐色，椭圆形。多为雄株，可开花。地上部长势较强，叶色浓绿，抗病性较好。地下块茎为棍状，外皮黄褐色，内皮层黄白色，肉质白，平均单薯重0.15～0.3千克。

红庙山药栽培历史悠久，早在清代乾隆年间就以珍稀蔬菜记载在《南郑县志》中。红庙山药具有肉白如玉、软滑水嫩、富含锌硒、烹饪易熟、干面爽口、不散不烂、适口性好、入口即化、药食兼用、口感纯正等十大特点，同时又具有补脾健胃、强肾润肤、美体瘦身、调整食欲、养生延年、降压降糖、抑制肿瘤等滋补药用价值，深受人们喜爱。汉中市南郑县吉美康高山蔬菜专业合作社集科研、生产、营销为一体，致力于在南郑县红庙镇罗帐岭村打造一个集品种资源保护、优良品种选育、优良种段繁育、商品山药开发四位一体的红庙山药生产基地，将红庙山药的品牌推向市场，在汉中市场上知名度较高，在西北大中城市销路也较好。

3. 栽培要点 红庙山药易感染线虫，在栽培过程中，忌重茬，雨季做好排水防涝措施。

二、南方山药群

(一) 野山药

1. 品种来源 野山药是福建厦门的一个地方品种。

2. 品种特性 该品种茎截面方形，茎蔓紫色，右旋。叶片全缘、卵形，先端渐尖，基部箭形，叶脉7条，叶色绿，叶柄及两端均为紫色。叶腋间着生零余子，不规则，黑褐色，长1.7～4.2厘米。未见开花。地下块茎为粗柱状，外皮黄褐色，内皮黄白色，肉质白，块茎长60～80

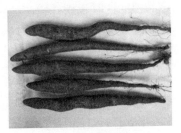

图4-15 野山药

厘米、粗4.2～7.8厘米，单株块茎重0.65～1.8千克。蒸食时，肉质偏软、不粉，含水量大，有土豆味，口感较差（图4-15）。

3. 栽培要点 此品种长势很强,抗病性很好,品种的区域适应性较强,但生育期较长,在北方种植较难达到成熟,较难贮存。起垄双沟种植密度为3 300～4 100株/亩,株距为20厘米左右,行距为80厘米,产量为4 500千克/亩左右。

(二) 大薯

1. 品种来源 大薯是南方一个山药品种。

2. 品种特性 该品种茎截面方形,茎蔓绿色,右旋。叶片为全缘三角形,先端尾尖,基部箭形,叶脉7条,叶浅绿色,叶柄及两端均为绿色。未见零余子,未见开花。地下块茎为块状,外皮黄褐色,内皮层黄白色,肉质白,块茎长13.0～20.5厘米、粗6.2～7.7厘

图4-16 大 薯

米,单株块茎重0.65～1.7千克,产量为4 200～5 000千克/亩。该品种生食味甜,无杂味,味道佳;蒸食时较硬,粉性较大、较干、香、略甜,有土豆味(图4-16)。

3. 栽培要点 大薯长势极强,茎蔓粗壮,种植过程中使用竹竿支架时,遇大风天气极易压弯倒伏,采用网架可避免倒伏,生长中后期也可喷施控旺的植物生长调节剂。

(三) 紫薯山药

1. 品种来源 紫薯山药是浙江温州的一个地方品种。

2. 品种特性 该品种茎截面方形,茎蔓绿色,右旋、叶片全缘、三角形,先端尾尖,基部箭形,叶脉7条,叶色绿,叶柄及两端均为紫色。未见零余子,未见开花。纺锤状,外皮黑褐色,内皮层紫色,肉质紫色,块茎长16～37厘米、粗3.6～6.8厘米,单株块茎重0.2～1.0千克。该品种生食口感很好,很甜,无杂味,味道佳;蒸熟后肉质较硬,较粉,较干,香,略甜,有土豆味(图4-17)。

3. 栽培要点 紫薯山药在北方种植时,出苗早,出苗前期生

长较快，后期生长较慢，苗期和伸蔓期极易感染炭疽病，用代森锰锌或咪鲜胺防治，可有效控制病害蔓延。起垄双沟适宜的种植密度为2 800～3 300株/亩，株距25～30厘米，行距80厘米，产量1 500～2 000千克/亩。

图4-17　紫薯山药

（四）紫肉大薯

1. 品种来源　紫肉大薯是浙江温州的一个地方品种。

2. 品种特性　该品种茎截面方形，出苗时茎蔓紫红色，生长过程中变绿色，右旋。叶片全缘、三角形，先端尾尖，基部箭形，叶脉7条，叶浅绿色，叶柄及两端均为紫色。未见零余子，未见开花。地下块茎为块状，外皮黑褐色，内皮层紫色，肉质紫，块茎长15.0～26.3厘米，粗4.1～5.8厘米，单株块茎

图4-18　紫肉大薯

重0.3～0.65千克，产量为1 700千克/亩左右，种植区域主要分布在福建、江苏、浙江等地。该品种生食时脆、稍甜，口感较好；蒸食时软，较粉，含水量中等，略甜，有土豆味。由于受地域气候条件的影响，在北方地区地下部不易成熟，不耐贮存（图4-18）。

（五）黄肉大薯

1. 品种来源　黄肉大薯是四川的一个地方品种。

2. 品种特性　该品种茎截面方形，茎蔓绿色，右旋。叶片全缘、三角形，先端尾尖，基部箭形，叶脉7条，叶色浅绿，叶柄及两端均为绿色。未见零余子，未见开花。地下块茎为块状，外皮黑褐色，内皮层黄白色，肉质淡黄色，块茎长12.7～21.8厘米，粗4.0～6.8厘米，单株块茎重0.5～1.5千克，产量为2 900～3 500千克/亩。该品种生食时脆、甜、口感好，肉质较黄，蒸食时硬、脆、粉小，含水量

稍大，甜，口感较佳。由于受地域和气候条件的影响，在北方地区地下部不易成熟，不耐贮存（图 4-19）。

（六）苏蓣 2 号

1. 品种来源 苏蓣 2 号是徐州农业科学院选育的一个抗病新品种。

图 4-19 黄肉大薯

2. 品种特性 4 月中旬种植，45 天左右出苗，出苗至出苗后 30 天左右茎叶为紫红色，后期逐渐变为绿色，茎截面方形，右旋。叶片为全缘三角形，先端尾尖，基部箭形，叶脉 7 条，叶色浅绿，叶柄及两端均为紫色。在北方种植未见零余子，未见开花。该品种因肉质紫色而得名，块茎长纺锤形，外皮黑褐色，内皮层紫色，肉质紫色，块茎长 17.8~25.8 厘米，粗 4.7~6.6 厘米，单株块茎重 0.3~0.8 千克，较抗病，产量为 2 100 千克/亩左右（图 4-20）。

图 4-20 苏蓣 2 号

3. 栽培要点 该品种是一种南方山药品种，主要分布在长江以南的区域，在北方不容易成熟，冬季储存较难，腐烂率较高。苏蓣 2 号地下块茎为短块状，在种植上已经实现机械化播种、机械化采收，省工省力，可大大提高经济效益。

三、日本山药群

该群品种来自日本，现在我国多地引种栽培。

（一）伊势芋

1. 品种特性 该品种茎截面圆形，茎蔓紫色，右旋。叶片深裂戟形，先端渐尖，基部戟形，叶脉 7 条，叶色绿，叶柄及两端均为紫色。叶腋间着生零余子，黑褐色，椭圆形，长1.7~2.9厘米。常见的多为雄株，可开花。地下块茎棒状，外表皮黑褐色，内皮层黄白色，肉质白，块茎长36~60厘米、粗3.1~6.5厘米，单株块茎重0.5~1.6千克。该

图4-21　伊势芋

品种肉质细腻，面大，维管束细，蒸熟后软，较粉，较干，较香，口感较好（图4-21）。

2. 栽培要点　伊势芋受土壤影响较大，在疏松肥沃的沙壤土中，地下块茎比较短粗、棒状；在干旱板结的土壤中，地下块茎为薄扁的手形。在地下块茎膨大期勤浇水，有助于地下块茎的生长。起垄双沟种植密度为4 169株/亩，株距20厘米左右，行距80厘米，产量为3 000~4 000千克/亩。

（二）日本山药1号

1. 品种特性　该品种茎截面圆形，茎蔓紫色，右旋。叶片浅裂心形，先端渐尖，基部耳形，叶脉7条，叶色绿，叶柄及两端均为紫色。叶腋间着生零余子，褐色，椭圆形。常见的多为雄株，可开花。地下块

图4-22　日本山药1号

茎粗柱状，外表皮褐紫色，内皮层黄白色，肉质白，块茎长60~85厘米、粗3.7~5.3厘米，单株块茎重0.45~0.9千克。肉质不细腻，维管束较粗，含水量大，蒸食口感一般（图4-22）。

2. 栽培要点　4月中旬播种，5月中旬出苗，10月底或11月初采收，产量为2 600千克/亩左右。

（三）日本山药2号

1. 品种特性　该品种茎截面圆形，茎蔓紫色，右旋。叶片浅裂心形，先端渐尖，基部耳形，叶脉7条，叶色绿，叶柄及两端均

为紫色。叶腋间着生零余子,褐色,椭圆形,长1.3~1.6厘米。常见的多为雄株,可开花。地下块茎粗柱状,外表皮为褐紫色,内皮层黄白色,肉质白,块茎长50~85厘米,粗4.0~6.4厘米,单株块茎重0.6~1.5千克。生食时,稍软,稍

图4-23　日本山药2号

甜,较细腻,口感较日本山药1号好,蒸食还可以(图4-23)。

2. 栽培要点　生产中,该品种出苗早,前期生长较快,生长势较强,植株较其他品种矮小,地上茎蔓分枝较少,产量为3 500~4 000千克/亩。

(四)日本山药3号

1. 品种特性　该品种茎截面圆形,茎蔓紫色,右旋。叶片中裂心形,先端渐尖,基部耳形,叶脉7条,叶色绿,叶柄及两端均为紫色。叶腋间着生零余子,褐色,不规则,长1.75~2.55厘米。常见的多为雄株,可开花。地下块茎粗柱状,外

图4-24　日本山药3号

表皮褐紫色,内皮层黄白色,肉质白,块茎长50~85厘米、粗4.0~7.0厘米,单株块茎重0.6~2.3千克。生食时,肉质较软,口感较差,维管束较粗,蒸食口感一般(图4-24)。

2. 栽培要点　品种出苗早,植株分枝短,长势较强,产量为3 500~5 000千克/亩。

(五)日本山药4号

1. 品种特性　该品种茎截面圆形,茎蔓紫色,右旋。叶片浅裂心形,先端渐尖,基部耳形,叶脉7条,叶色绿,叶柄及两端均为紫色。叶腋间着生零余子,褐色,椭圆形,长1.6~2.3厘米。常见的多

为雄株，可开花。地下块茎粗柱状，外表皮褐紫色，内皮层黄白色，肉质白，块茎长60~87厘米、粗3.2~6.2厘米，单株块茎重0.5~1.8千克。生食和蒸食口感均一般，但是条形较直，外观商品性较好（图4-25）。

图4-25　日本山药4号

2. 栽培要点　出苗较早，植株长势较强，地上部的零余子和地下部块茎产量均较高，产量为4 000~5 000千克/亩。种植时宜选择有机质含量较高、土质疏松的沙壤土，雨季注意排水防涝。

（六）日本山药5号

品种特性　该品种茎截面圆形，茎蔓紫色，右旋。叶片中裂心形，先端渐尖，基部耳形，叶脉7条，叶色绿，叶柄及两端均为紫色。叶腋间着生零余子，褐色，不规则，长1.75~2.55厘米。常见的多为雄株，

图4-26　日本山药5号

可开花。地下块茎粗柱状，外表皮褐紫色，内皮层黄白色，肉质白，块茎长49~84厘米、粗4.0~6.6厘米，单株块茎重0.6~1.5千克，产量为2 800~3 600千克/亩。生食口感一般，有山药豆味，蒸食口感还可以（图4-26）。

（七）大和芋1号

1. 品种特性　该品种茎截面圆形，茎蔓紫色，右旋。叶片浅裂心形，先端渐尖，基部耳形，叶脉7条，叶浅绿色，叶柄及两端均为紫色。叶腋间着生极少的零余子，褐色，椭圆形，长1.0厘米左右。雌雄异株，常见的多为雌株，可开花。地下块茎扁柱状，外表皮黄褐色，内皮层黄白色，肉质白，块茎长58~76厘米、粗4.0~5.4厘米，单株块茎重0.5~1.1千克。生食时，稍面、脆，口味一般，蒸食时，较软，粉大，较干，较香，有麻味，口感还可

以（图4-27）。

2. 栽培要点 大和芋1号适合种植在土壤肥力较好、疏松透气的沙质壤土中，种植在土质较硬的土壤中，地下块茎商品性较差，而且不容

图4-27 大和芋1号

易采收，易挖断。起垄双沟种植密度为3 300～4 100株/亩，株距20厘米左右，行距80厘米，产量为3 300千克/亩左右。

（八）大和芋2号

1. 品种特性 大和芋2号又称灵芝山药。该品种茎截面圆形，茎蔓紫色，右旋。叶片浅裂心形，先端渐尖，基部耳形，叶脉7条，叶浅绿色，叶柄及两端均为紫色。叶腋间着生极少的零余子，褐色，椭圆形，长1.0厘米左

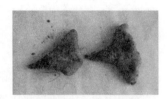

图4-28 大和芋2号

右。雌雄异株，常见的多为雌株，可开花。地下块茎为灵芝形，外表皮黄褐色，内皮层黄白色，肉质白，块茎长13.7～25.2厘米、粗2.8～4.1厘米，单株块茎重0.3～0.6千克。生食时稍硬、脆，有土豆味，口感一般；蒸食时较软，粉大，较干，香，稍麻，口感还可以，多用于山药出口加工方面（图4-28）。

2. 栽培要点 大和芋2号出苗较早，长势较弱，注意在山药膨大期追施冲施肥，可结合浇水使用，加强田间肥水管理。起垄双沟种植密度为3 300～4 100株/亩，株距20厘米左右，行距80厘米，产量为1 700～2 000千克/亩。

（九）大简早生

1. 品种特性 该品种茎截面圆形，茎蔓紫色，右旋。叶片浅裂心形，先端渐尖，基部耳形，叶脉7条，叶绿色，叶柄及两端均为紫色。叶腋间着生零余子，褐色，椭圆形，长1.7～2.6厘米。常见的多为雄株，可开花。地下块茎粗柱状，外表皮褐紫色，内皮

层黄白色，肉质白，块茎长60～90厘米、粗4.0～6.8厘米，单株块茎重0.8～2.0千克。生食时脆，水大，维管束较粗，口感不错，较甜；蒸食时较硬、脆，不粉，水分较大，稍甜，口感一般（图4-29）。

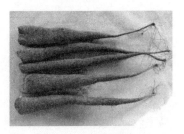

图4-29 大笱早生

2. 栽培要点 此品种出苗较早，出苗较整齐，分枝较短，产量很高，属于早熟高产型品种。起垄双沟适宜的种植密度为4 169株/亩，株距为20厘米左右，行距80厘米，产量为4 500～6 000千克/亩。

（十）大和长芋

大和长芋是引自日本的一个山药品种，经过多年的栽培种植，已成为山东，特别是潍坊地区的主栽品种。

1. 品种特性 该品种茎截面圆形，茎蔓紫色，右旋。叶片深裂戟形，先端渐尖，基部戟形，叶脉7条，叶色绿，叶柄及两端均为紫色。叶腋间着生零余子，褐色，椭圆形，长1.6～2.55厘米，雌雄异株，雌株抗病性较好，但地下块茎易分叉，商品性差，生产中，以雄主为主，

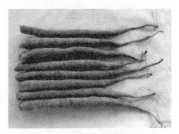

图4-30 大和长芋

可开花。地下块茎粗柱状，外表皮褐紫色，内皮层黄白色，肉质白，块茎长60～90厘米、粗4.0～6.6厘米，单株块茎重0.5～1.4千克。生食时脆、稍甜；蒸食时较脆，粉性一般，含水量一般，稍甜，口感还可以（图4-30）。

2. 栽培要点 起垄双沟种植密度为4 100株/亩左右，株距为20厘米左右，行距为80厘米，每亩产量为3 400～4 700千克。大和长芋的地域适应性特别强，由于其条形好，产量较高，种植区域特别广，主要分布在山东、河南、河北等地。

第五章
山药优质高效栽培新技术

一、种薯的选择

山药种薯质量的优劣，直接影响山药的产量和品质。因此，在山药种植前，选择优质、健壮、规格合适的种薯至关重要。因山药品种不同选择种薯的标准也不同，栽培上常见的种薯有3种：即山药栽子、山药段子和山药零余子（图5-1）。

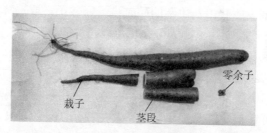

图5-1 山药种薯

（一）山药栽子

山药栽子又称山药嘴子，是指山药上端具一隐芽和茎的斑痕，可在收获山药时获取。山药栽子在不同地区有不同的叫法，有的称芦头、龙头或山药尾子，也有的称凤尾或尾栽子、种栽、毛栽子。之所以这些叫法是因为山药块茎中最细长的一部分，前面看似龙头，后面看似凤尾。选择山药栽子作为种薯时，块茎必须粗壮、无分支和病虫害。长度选择15~30厘米，对于栽子较短粗的山药品种长度可短一些,对于栽子较细长的品种应适当长一些。

1. 结构 一个完整的山药栽子包括三个部分:嘴子、二勒和底肚(图5-2)。

(1) **嘴子**。位于栽子最上面处,有个瘤状突起,是连接山药植株地上部分茎叶和地下部分块茎的关键部位,山药发芽萌发由此开始,是种薯输送给地上部分养分的必经之路。

(2) **二勒**。位于嘴子下方的一段细长部分,也称栽子颈部或颈脖子、细脖子、长脖子等。长度10~15厘米,占山药栽子的1/2。

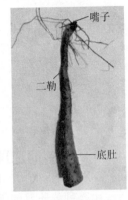

图5-2 山药栽子

(3) **底肚**。位于二勒下方一段较粗的部分,长度10~17厘米,是山药栽子养分最多的部位。

2. 获取 收获山药块茎的同时进行掰栽子,要选择脖颈短粗、芽头饱满、健壮无病虫、无分杈、色泽正常的块茎,根据不同品种分别掰下15~30厘米长的栽子。掰下的山药栽子要及时进行消毒处理,做到随切随处理,断面用70%代森锰锌可湿性粉剂蘸封切面,防止病菌感染。栽子贮藏时,南方应放在室内通风晾晒1周左右,北方可在室外搭架摊开晾晒5天左右,目的是加快表面水分蒸发及断面伤口愈合,防止发生腐烂,保持种植时栽子的发芽能力。然后将山药栽子放置地窖中(北方)或干燥的屋角(南方),每放一层栽子铺一层稍湿润的河沙,最上部盖上草毡,保持温度在5℃以上。贮藏过程中,及时检查河沙干湿情况,以防止失水或腐烂。

(二) 山药段子

山药段子是将山药块茎切成10~15厘米的段,每段80~150克。在几千年前的山药栽培中,都是选择山药栽子作为种薯,山药栽子上有顶芽,而山药段子上只有侧芽,顶芽的优势是侧芽无法比拟的,但山药只有1个顶芽,限制了种薯的数量,因此,后来也开始选择山药段子作为种薯。

1. 获取 在切山药段子时，注意保护段上的皮层，否则影响其发芽。山药段子要有合适的大小，否则影响出苗率和产量。分切山药时一般选择晴天，播种前1个月进行，分切用的刀需进行消毒，切后将段子切口用70%代森锰锌可湿性粉剂蘸封切面，以减少病原微生物感染。

2. 催芽 山药段子准备好后进行催芽处理，可显著提高山药出苗率和出苗质量。催芽应选在地势高燥、背风向阳、无病虫害的地方进行。这样能够缩短山药块茎在田间的生长周期，以增加产量。方法是用40%多菌灵胶悬剂300倍液与50%辛硫磷100倍液混合均匀后，浸种15分钟左右，捞出晾干后再定植。

（三）山药零余子

在山药的叶腋间常生有肾形或卵圆形的珠芽，俗称山药豆、山药蛋、山药铃，即山药的零余子。零余子是腋芽的变态，也是侧枝的变形，称为地上块茎，也称气生块茎或珠芽。零余子长1~2.5厘米、直径0.8~2厘米，褐色或深褐色。

1. 优缺点 零余子是山药最初的种薯，是山药特殊的种子。当山药栽子连续种植3~4年后逐渐发生退化，产量和品质明显下降，不宜再作为种薯繁殖时，可利用零余子进行提纯复壮。但其缺点是生长缓慢，第一年结出的山药仅长20~30厘米、重250克的小山药。虽然经济价值不大，但却是良好的山药种薯。第二年将小山药种下去，即可得到成熟的大山药块茎，不仅增加了产量和经济价值，而且生长活力旺盛，减少了田间病虫害的发生（图5-3）。

2. 获取 零余子的收获是在每年的8~9月，挑选做种薯用的零余子时，要选择外形端正、粒大饱满、健壮、有光泽、无病虫害、无划伤的大零余子。零余子的大小与种出的种薯大小具有一定的正相关性，大零余子种出的块茎较大，有的可以直接当商品薯卖，而小的零余子则只能长出很小的种薯，需要多种1~2年，才可以用作生产上的种薯。不同品种的零余子形状、皮色、大小、多

图 5-3 零余子繁殖种苗

少均有差异,还有的品种没有零余子,因此在选择的时候应根据具体品种而定,尽量选择较大的零余子。

二、种植地块的选择

山药无主根,仅靠须根从土壤中吸收养分,土壤因素对山药块茎影响很大,山药栽培对土壤要求较为严格。种植山药的地块需满足以下条件:

(1) 山药适宜生长在微酸或中性(pH 6.0~8.0)的土壤中,过酸或过碱均不利于山药生长,造成病虫害加重、产量和品质下降。山药忌连作,调查发现,连作 2~3 年的地块山药产量下降 8%~14%。一般情况下,每隔 3 年轮作一茬或隔年隔行开沟种植。

(2) 土壤养分含量丰富,土壤结构良好。山药根系从土壤中吸收养分主要是在耕作层内,由于山药根量少,再生能力较弱,要求土层深厚、有机质含量高、疏松肥沃、团粒结构良好的土壤,才能满足山药生长发育的需要。土壤含水量对山药块茎的生长亦有影响,过多或过少均不利于其生长。土壤水分过少,则山药块茎生长受到抑制;水分过多且在高温季节,此时田间持水量过大、通气差时,土壤中块茎 2~3 天就会腐烂。山药栽培应选择土层深厚、向阳、疏松肥沃、地下水位在1米以下、排水流畅的沙质土壤或壤土地块。

（3）要求土层均匀，且需要清理掉树根、野菜根和小石块等，否则易造成山药块茎的分叉和不便清洗，影响市场价格。山药不适合种植在耕作层浅、土质坚硬且石头多的田地，因为遇到坚硬的东西会改变其生长方向，从而造成块茎畸形（图5-4），影响外观品质和质量。因此种植山药地块应选择土层均匀，无坚硬杂物的地块。黏土较多的地块，也不适宜种植山药。

图5-4　畸形薯

（4）选择地下水位低、排水流畅的地块。地下水位高，山药块茎易受渍害，轻则生长发育不良，重则造成块茎腐烂，形成多头块茎，严重影响其商品价值。此外，在低洼、排水不畅的地块，山药易得线虫病。调查显示，块茎长度在1~1.5米的长山药，地下水位在4米以下比较合适。

三、种植方式

山药种植方式可分常用种植方式和新型种植方式。其中常用种植方式包括单沟起垄种植、双沟起垄种植和双沟平畦种植。

（一）常用种植方式

1. 单沟起垄种植　单沟起垄种植是在开沟后把垄两边踏实，然后在沟顶开8~10厘米的沟，使山药种薯的朝向一致，顶端距顶端的距离是20~25厘米，覆土8厘米厚，然后盖地膜。该种植方式可以防涝，雨季能及时排水，收获较容易，但是种植的山药含水量大，干物质积累较少，雨水较大时易塌沟。采用此方式时，应定时检查垄面是否有裂纹，特别是雨季来临前，应将垄面培土压实，防止塌沟。

2. 双沟起垄种植 在下种前 7 天左右灌水，使山药沟土壤沉降，土壤开始干皮时用 70 厘米宽的旋耕机平整畦面。距沟壁 15 厘米处下种，保持 2 行山药种植行行距 40 厘米，株距 20～25 厘米。在山药行中间用肥，每亩施复合肥 100 千克，两面起垄，平整畦面，盖土 6～8 厘米厚，喷施田补除草剂防杂草，然后盖地膜。该种植方式可以节省搭架成本，山药长势较好，含水量较小，干物质积累较多，防积涝，但在雨季雨量较大时易塌沟，且收获时较单沟种植费事，容易挖伤山药块茎。采用此方式时，应定时检查垄面是否有裂纹，特别是雨季来临前，应将垄面培土压实，防止塌沟。

3. 双沟平畦种植 双沟平畦种植与双沟起垄种植方法一样，只是不用起垄，直接覆土盖膜就行了。该种植方式种植较简单，畦面略低于地面，不存在塌沟问题，但是雨水较大时易积水，排水不畅，地下块茎和根部易腐烂，增加线虫病的发生概率。在干旱地区可采用此种方式。

（二）新型种植方式

新型种植方式包括打洞种植、套管种植、窖式种植。这 3 种新型种植方式对种植土壤、种植技术等要求较高，各有利弊。经过长时间的科学实验及实践，山药套管种植技术得到了进一步完善，一些山药研究者和种植者已将该技术成功运用到山药栽培中，并取得了较好的效果。

1. 打洞种植 打洞种植又称孔洞种植、空洞悬空种植。即根据山药块茎伸入地下的长度，打一个相应的洞穴，洞的深度根据山药品种来确定，使山药块茎悬空生长在洞穴中的一种种植模式。经过长期的田间试验，山药打洞种植作为一种新型种植方式已展示出其优势，给种植户带来了巨大的经济效益。

打洞种植是根据山药生长习性的特点形成的。无论是无土栽培还是土壤栽培，山药块茎都是向地生长的。江苏省种植户就利用山药这一特性，在土地上打洞，使其在洞中生长。打洞需要的工具一般选用环形的土铲。铲头是一个直径8～10厘米薄钢板圈成的半圆形,半圆底部截成3个三角形缺口,确保铲头入土阻力减小、锋利、盖土利落。设计铲头长20厘米左右,铲头上端安上木柄,长度可因人而异。打洞可在冬春农闲时进行,根据山药品种确定株行距。小面积种植多采用人工打洞,大面积种植可采用机械化打洞。打出的洞一定要结实、牢固,周壁要光滑、不塌不陷。

打洞对土壤的要求不严格,在土层深厚、向阳、疏松肥沃、地下水位在1m以下、排水流畅的土地块均可进行,但沙丘地和土质坚硬且石头多的田地不可进行打洞。沙丘地黏土太少,打出的洞容易塌陷;土质坚硬且石头多的田地,打洞费劲,或打出的洞不能保持洞形。打洞前,在秋末冬初每亩施入腐熟的基肥5 000千克,结合整地进行打洞。根据山药品种来确定洞深和株行距,一般洞深100～150厘米,洞宽8厘米,洞之间的行距70厘米,株距25～30厘米。

采用打洞种植山药,定植前需进行催芽,催芽方法是方法是用40%多菌灵胶悬剂300倍液与50%辛硫磷100倍液混合均匀后,浸种15分钟左右,捞出晾干后再定植。定植时覆地膜,用土压实后,将山药种薯放在地膜上并对准洞口,然后用土培成高15～20厘米、宽40厘米的垄。结合培垄,每亩施入饼肥100千克、尿素10千克、磷酸二铵15千克,与土壤混匀。

另外,还有一种山药的打洞种植方式,即将洞打好后,洞内填入无粪、潮湿的虚土壤,这种方式不需要覆地膜。但这种方式的缺点是收获时比较费劲,缩短洞的使用年限。但对山药品种不限制,适合大多数山药品种种植。

2. 套管种植 套管种植又称浅生槽种植法,其实就是让山药在横着的套管中生长。原理就是根据山药的长短和粗细设计的一种套管(浅生槽),里边放一些软料,如细沙、蘑菇渣等一些不带病菌的物质,然后再把山药种薯放在上边,因为浅生槽在放的时候有15°的斜角,而山药有向地性,会顺着15°的斜角往下生长。

套管最早使用的是竹管,优点是可就地取材、成本低、耐湿耐压；缺点是打通竹节比较费事费工，且很难修平整，不能确保长出的山药整齐平直。随着人们对种植山药的经验越来越多，塑料套管代替了竹管。经过长时间的科学实验和实践，山药套管种植的方式已普遍进入山药栽培中。套管的规格是根据山药品种来制定的，长1~1.3米，有的达到2米，而有的仅50~60厘米，套管的圆周长18~22厘米。

套管种植对土壤有一定的要求，土壤的优劣是影响套管种植山药品质的关键因素。人们刚开始选择套管种植山药时，常采用就近取土，结果长出的山药奇形怪状，产量和品质均受到影响。根据长时间套管种植的摸索，发现套管种植山药的土壤需满足以下条件：①表层土壤不能进入套管。因为表层土壤中有线虫、病菌等有害微生物，若装入表层土壤，会影响山药块茎的正常生长，使其感染病菌。②有机物质不能进入套管。有机物分解时释放出的有害气体会使山药块茎发黑、变形。而且过多的有机肥更容易感染病虫害。③化学肥料不能进入套管。化学肥料接触到生长点，块茎生长就会停止。④废旧土壤不能进入套管。因此，套管内的土壤应装入沙壤土，为山药生长创造良好的生长发育条件。

山药生长在套管里，距地面20~30厘米，收获时候就省时省力。块茎横着长的产量也比传统的种植方法要高，因为在浅土层昼夜温差大，增加细胞分裂；另一方面套管可以增加土地的通透性，在浅土层根系比较发达，在上边吸收营养比较快，利用率也比较高。在挖山药的时候每亩地得用20个人工，现在用这个种植方法用4个人就可以了。用这种方法种植出来的山药与传统种植方法相比，增产再加上节省的人工成本，1亩地能多收至少3 000元。

3. 窖式种植 山药窖式种植方式是近年来刚兴起的一种新型种植方式，最开始是由江苏省沛县农民创制的，适用于家庭庭院种植，逐渐得到人们的认可，下一步可进行大面积推广。这种种植方式的优点是一次种植多次采收，一般可采收2~3次；缺点是一次性投资较大，采收时窖内可能会发生塌陷及有害气体的危害，因此，这种方式需要进一步改善。

山药窖式种植对土壤要求不严格，只要土壤有养分即可。种植地块选择在地势高燥、土层深厚、通风向阳、地下水位在 1m 以下、排水流畅的土块均可进行，以便种植和采收。挖窖前，先在地面上划线，按照线挖窖，窖为南北走向，窖宽 100～150 厘米、长 15～30 米、深 140～150 厘米，每个窖间隔 1.5 米左右。

窖坑挖好后，在上面搭上水泥柱，要求水泥柱的长度为 150～180 厘米，每根水泥柱间距 60～80 厘米。然后在水泥柱上铺上混凝土栅栏板，放置方向与水泥柱垂直，要求栅栏板宽 50～60 厘米、长 120～160 厘米，各个栅栏板的排放间隙为 3～4 厘米。

4. 其他种植方式　目前，人们在窖式种植的基础上，又创制了沟窖种植和地窖种植。

（1）**沟窖种植**。沟窖种植针对性较强，是仅对短粗的"双胞胎"山药品种而设计的一种浅沟小窖种植方式。由于"双胞胎"山药比较短粗，沟窖也只需深 50 厘米、宽 12～14 厘米、长 15～30 米，沟与沟间隔 1 米。在挖好的沟上横搭预先设计好的网眼稀疏的帘子，帘子也可用废旧报纸代替。用土铺在网上或废旧报纸上，培成高为 12～20 厘米、宽 50～60 厘米的垄。培垄前，每亩可撒施饼肥和硫酸钾复合肥 50 千克左右，混匀后培垄。

（2）**地窖种植**。在南、北方均有种植，历史悠久。地窖种植是根据山药块茎长短来设置，长山药窖深一些，短的则浅一些。又包括土窖、砖窖和石窖 3 种类型。土窖在不易塌陷的黏壤土上进行，缺点是使用时间短，若保护的好、土壤性质较好的情况下，可使用 3～4 年。砖窖砌的好的话，则无塌陷的担忧，但也需要保护，维护好的情况下，可增加其使用年限。石窖分大石窖和小石窖，用大石子垒成的称大石窖，小石子垒成的窖称小石窖。此种技术适用于土石山区石块多的地区。

四、合理施肥

山药属于深根性作物，生育周期长，需肥量较大。在种植过程中，除了施用基肥外，在后期的生长过程中还需要追肥，特别是块茎膨大期，应及时追施肥料，保证后期的养分需求。

（一）农家肥等有机肥

山药喜肥，特别是有机肥，生产上多用农家肥。农家肥种类繁多，且来源广、取材方便、成本较低。其优点是所含营养物质比较全面，富含氮、磷、钾、钙、镁、硫、铁以及一些微量元素；同时经常施用有机肥有利于改善土壤环境，促进土壤团粒结构的形成，使土壤中空气和水的比例协调，使土壤疏松，增加保水、保温、透气、保肥的能力。但是农家肥中的营养元素大多呈有机态，作物吸收比较困难，易烧苗，而且未经腐熟的农家肥含有大量病原菌和虫卵，不利于作物的生长。因此，农家肥等有机肥需要充分发酵、分解后，才能使养分逐渐释放，从而使肥效长而稳定。农家肥的发酵腐熟方法主要有两种。

1. 圈内堆积法 圈内堆积法是指在圈舍内挖深浅不同的粪坑进行发酵，主要有深坑式、浅坑式、平底式等。

（1）**深坑堆积法**。在我国北方较常见，一般坑深70～100厘米，保持潮湿，经过1～2个月的嫌气分解，挖出进行堆积，腐烂后即可。在发酵过程中，有机质一边矿物质化，一边腐殖质化。矿物质化后的养分可被土壤胶体等垫料吸附，利用率高，损失较少；腐殖质化的养分和垫料充分混合后成为肥沃的熟土。该方法优点是保肥且肥料质量较高，但缺点是圈内的二氧化碳和其他臭气较多，影响家畜健康和环境卫生。

（2）**浅坑式积肥法**。在圈内挖15厘米左右深的坑用于堆积肥料，并开挖排水沟通至粪尿池。该方法比较卫生，但由于积沤时间较短，腐熟程度较差，后期还需结合圈外堆积法进行充分腐熟。

（3）**平底式积肥法**。是在畜舍地面用石板或水泥筑成平底积肥。该方法在沤制过程中需要垫入较多的稻草或干土，以防止圈内过于潮湿。

2. 圈外堆积法 圈外堆积法从堆积松紧程度方面可分为3种：

紧密式堆积法、疏松式堆积法、疏松与紧密交替堆积。

(1) **紧密式堆积法**。将混有垫料的肥料从畜舍内取出后,在圈外 4~9 米^2 的土地上层层堆起,并层层压紧,堆至 2 米左右。待堆积完毕后,用泥炭、泥土、碎草将堆肥封好,以免雨水淋溶。该方法堆肥内温度变化较小,氮素和有机质挥发损失较少,但腐熟时间较长,一般需要半年以上的时间才能完全腐熟。

(2) **疏松式堆积法**。与紧密式堆积法大致相同,但堆积过程中不用压紧。该方法可以使肥料短期内腐熟,又能有效杀死堆肥中的病菌、寄生虫卵。缺点是氮素和有机质损失较大。

(3) **疏松与紧密交替堆积法**。先将肥料疏松堆积分解,浇粪水来调节分解速度。经过 2~3 天,待到堆肥内部温度达到 60~70℃,大部分病菌、虫卵和杂草种子都被杀死后,温度稍降后踏实压紧,然后再加新鲜堆肥,重复以上处理。这样层层堆积,然后用泥土将堆肥封好,保温防水,4~5 个月后就能完全腐熟。该方法既能缩短腐熟时间,又能减少有机质和氮素损失,山药铺粪多采用这种堆积方法。

(二) 化肥

农家肥等有机肥虽然有很多优点,但是其肥效较慢。近年来,随着传统的粪便收集处理方式的改变,且因制作过程对环境影响较大,传统的农家肥越来越少。而化肥具有见效快、施用方便等优点,在山药种植生产中发挥着重要的作用。

1. 氮肥

(1) **山药缺氮和氮肥过量表现**。山药缺氮时,生长缓慢,叶绿素含量降低,严重缺氮时,叶色变黄。由于氮素的流动性较强,所以山药缺素症是先从老叶开始,后逐渐扩展到上部幼叶。追施氮肥过量容易引起山药徒长,叶片大而薄,块茎产量减少,抗病性差。

(2) **常用种类**。目前常用的氮肥主要有铵态氮、硝态氮、酰胺态氮三种类型。

①铵态氮肥。常用的有碳酸氢铵、硫酸铵和氯化铵 3 种。碳酸

氢铵含氮17%左右，为白色细粒结晶，易溶于水。碳酸氢铵容易被山药根系吸收，且不会对土壤造成不良影响，但是碳酸氢铵易挥发，施用后应及时盖土。硫酸铵含氮20%~21%，为白色晶体，易溶于水，吸湿性小，便于贮存与施用。硫酸铵易被山药根系吸收，但是长期施用容易造成土壤酸化，应配合其他肥料使用。氯化铵含氮量24%~25%，为白色结晶，吸湿性较硫酸铵强，易结块，易溶于水，肥效快，属于生理性酸性肥料，长期使用导致土壤酸化，而且山药忌氯，因此，山药上施用较少。

②硝态氮肥。常用的主要包括硝酸铵、硝酸钠、硫硝酸铵、硝酸铵钙和硝酸钙。硝酸铵含氮量为33%~34%，白色结晶，易被山药根系吸收，但是硝酸根不能被土壤黏粒吸附，易流失。因此沙质壤土及多雨地区不适宜用。硝酸钠含氮量为15%~17%，易被山药根吸收，但是硝酸钠属于生理碱性肥料，长期使用容易造成土壤板结，可以在追肥时少量使用。硫硝酸铵是将硫酸铵与硝酸铵按一定的比例混合后，在熔融的情况下制成的，总氮量为25%~27%，淡黄色颗粒。可用作山药追肥，施用方法与硫酸铵相同。硝酸铵钙含氮量为20%~21%，一般为灰白色、淡黄色或绿色的颗粒或粉末。施用方法可参照硝酸铵的用法，但不能与过磷酸钙混用。硝酸钙是石灰中和硝酸制成的。硝酸钙为生理碱性肥料，所含的钙离子可以对土壤物理性质具有改善作用，用作山药追肥效果较好。

③酰胺态氮肥。主要是指尿素。尿素含氮量为46%，是固体氮肥中含氮量最高的一种肥料。白色结晶，吸湿性不大，应存放在阴凉干燥的地方。尿素的肥效速度不及其他氮肥快，但作为山药追肥效果较好，施用时应提早一些。在多雨的南方施用效果也很好。

2. 磷肥 磷是植物体内核酸的基本构成物质，它参与植物体内的能量代谢。

(1) 山药缺磷和磷肥过量表现。山药缺磷时，叶片发暗，叶脉略现紫红色，根系发育不良，影响块茎膨大。但磷素过量又会对山药的生长造成不良影响，导致植株矮小，易早衰，块茎品质差。

(2) 常用种类。常用的磷肥种类有磷矿粉、过磷酸钙、重过磷酸钙、钙镁磷肥和钢渣磷肥等。

①磷矿粉。为一种难溶性的磷肥,可与硫酸铵等酸性肥料混合施用。

②过磷酸钙。又称普钙,属于水溶性磷肥。过磷酸钙施入土壤中移动性小,在用作山药追肥时,应采用近根系条施或穴施。过磷酸钙与有机肥混合施用可以提高肥效。

③重过磷酸钙。一种高浓度的磷肥,含磷量为40%～52%。重过磷酸钙与过磷酸钙用法相同,用量可适当减少,追肥效果略好于过磷酸钙。

④钙镁磷肥。属于弱酸溶性磷肥,肥效较慢,需要提早施用,与厩肥混施肥效提高。

⑤钢渣磷肥。强碱性、弱酸溶性,不适合做山药追肥,可在山药生地上作为基肥施用。

3. 钾肥 钾是植物生长重要的营养元素。

(1) **山药缺钾症**。钾主要以离子态存在,易移动。山药缺钾时老叶叶尖先发黄,逐渐扩展到新叶上。山药缺钾情况较少,但仍要重视钾肥的补充,以提高山药的抗逆性和抗病能力。

(2) **常用各类**。目前常用的钾肥主要有氯化钾、硫酸钾和草木灰。

①氯化钾。为溶于水的速效性钾肥,含钾量为60%左右,属于生理酸性肥料。施用时应与石灰质肥料或厩肥混合施用,容易引起土壤酸化,一般不用做追肥。

②硫酸钾。含钾量为50%～52%,属于生理酸性肥料,但是比氯化钾酸化速度慢,是山药追肥的常用肥料。

③草木灰。为植物体燃烧后留下的灰分,含有多种营养元素,主要以钾素最为重要,是良好的速效性钾肥。在山药追肥时应避免与氨态肥和厩肥混施,以免降低肥效。

4. 微量元素 微量元素是植物不可或缺的营养物质。

(1) **缺失症状**。山药缺乏微量元素会引起品质差、产量低等症状。

(2) **常用种类**。常用的微量元素肥料主要有硼砂、硫酸锰、硫酸锌、硫酸亚铁、硫酸铜和钼酸铵等种类。山药由于基肥中施入了大量的农家肥等有机肥，营养元素比较均衡，一般不缺乏微量元素，但通过叶面喷施适量微量元素可明显提高山药块茎的品质。

5. 复合肥

(1) **特点**。复合肥料是指肥料中同时含有氮、磷、钾 3 种要素，或是含有其中 2 种元素的化肥。复合肥的优点是养分总量高、副成分少、贮运费用低、理化性状较好。但复合肥的养分比例是固定的，不易满足复杂的施肥技术要求。在山药基肥或追肥中，复合肥的使用较广泛，常用的复合肥主要有磷酸铵、硝酸磷、磷酸二氢钾和硝酸钾等。

(2) **常用种类**

①磷酸铵。山药追肥中常用的复合肥，溶于水，呈中性，含氮 18%、磷 46%，易被山药根系吸收。硝酸磷肥用作追肥施用时，应采用挖穴深施法，深度在 10 厘米以上。

②磷酸二氢钾。属于优质复合肥，含磷 52%、钾 34% 左右，易溶于水，吸湿性小。一般用作叶面喷施，喷施浓度应小于 0.2%。

③硝酸钾。用作山药追肥效果较好，但是易燃易爆，生产成本高，一般使用较少。

6. 缓释肥

(1) **特点**。缓释肥料是一种新型肥料。包括两种形态：一种是在化肥颗粒表面包上一层很薄的疏水物质制成的包膜化肥；另一种是以化肥为主体与其化学物质反应生成的微溶性聚合物。缓释肥由于肥效期长，养分释放速率与作物的需肥规律基本一致，可以提高肥料吸收利用率，并减轻肥料流失造成的环境污染。

(2) **常用种类**。常用的缓释肥主要包括微溶态油剂缓释肥、包膜缓释肥和添加脲酶剂和硝化抑制剂的缓释肥 3 种。

①微溶态油剂缓释肥。把氮肥做成微溶于水的有机化合物，使氮素在土壤中缓慢溶解。如脲甲醛、草酰胺、亚异丁二脲等。

②包膜缓释肥。在肥料颗粒表面包一层半透性膜，根据包膜的

厚度、渗透性和降解速度控制养分量，来满足作物生长期养分需要。

③添加脲酶剂和硝化抑制剂的缓释肥。在氮肥中添加脲酶剂和硝化剂，来抑制尿素转化为碳酸氢铵和进一步转化为硝铵的速度。延长氮肥在土壤中存留时间，减少流失，提高化肥利用率。常用的抑制剂有双氰胺、氰醌等。

7. 微生物肥　微生物肥又称菌肥，是富含有益微生物的接种剂，分别含有根瘤菌、固氮菌、解磷钾菌和 AM 菌等有益微生物中的 1 种或几种。微生物肥通过有益微生物在土壤中的大量繁殖来改善土壤养分和结构，改善土壤环境，不仅减少化肥使用量，抑制土传病害发生，而且还可以刺激作物生长，提高山药品质。

（三）科学施肥

1. 施足基肥　科学合理的施肥技术是山药高产、优质的重要保障。山药的生长期较长，一般要经过 150 天以上，期间需肥量很大。在冬前深翻土壤一次；春季解冻后，用开沟器开 1.1～1.2 米深的沟，基肥以有机肥为主，每亩施入腐熟有机肥 3 000～5 000 千克、磷酸二铵 25～35 千克、尿素 10～20 千克、硫酸钾 25～35 千克。将基肥与 25 厘米深的表层土混合均匀，整地做成山药垄。有机肥必须充分腐熟，否则山药块茎易分杈，还会导致烧根等多种问题。可采用测土配方施肥来确定山药的优化施肥方案，根据作物需肥规律、土壤供肥性能和肥料效应，在合理施用有机肥的基础上，确定氮、磷、钾及中、微量元素等肥料的施用品种、数量、施肥时期和施用方法，具有肥料用量少、经济效益高、保护环境等优点。

2. 追肥　山药对养分的吸收动态与植株鲜重的增长动态相一致。幼苗期植株较小，对氮、磷、钾的需求也较少，基肥中的养分便能满足幼苗的生长发育，不需要进行追肥。随着植株的生长进入甩条发棵期，由于此期间植株生长量增加较多，对养分尤其是氮的吸收量也随之增加。当茎蔓爬上半架时可追施适量的氮肥。一般每亩施用尿素 15～20 千克。当藤蔓爬满架后即进入块茎膨大期，对钾肥的需求量较大,此期应重视氮、磷、钾的配合施用,特别要重视高钾肥料的施用。生长后期要控制氮肥用量,以防藤蔓徒长,消耗营养。

山药是忌氯作物,追肥时切不可施用含氯的肥料。在山药生长后期,可叶面喷施0.3%磷酸二氢钾溶液或甲壳素2~3次,保叶防早衰。

五、田间管理

(一)适时定苗

山药种薯定植时间因各地环境条件不同而异,一般要求地温在9~10℃后即可定植。像南方闽南及广东、广州地区,春季来得早可在3月定植,四川地区可在3月下旬至4月之间定植;华北地区相比南方晚一些,一般在4月中下旬定植。根据山药的生长特点,早定植山药根系就早生长,后期产量亦可增加。因此,根据各地种植经验,只要土表不冻,山药种薯就尽可能早定植。早春定植由于气温还不稳定,气候干燥,可通过覆上地膜来增加地温和保持土壤湿度。

山药定植前,先要在种植沟内灌一次水,这样做一是增加土壤湿度,为山药发芽和苗期生长提供水分;二是通过浇水将山药沟下沉土层压实一点,防止后期塌沟。

待地表土壤晾干后3天左右,在垄面中间开一条浅沟,沟深8~10厘米,沟内均匀撒施复合肥,每亩施入量为50千克左右,用作基肥,在施肥沟两侧各浅划一条小沟,用于摆放种薯,种薯摆放时要分别离种植沟两侧15厘米左右,靠的太近山药地下块茎易长偏,扎到硬土中,不仅影响产量,还容易出现畸形薯。根据山药品种来确定株距,一般长山药株距为20~25厘米,南方块状山药株距为30~35厘米。种薯摆放时,应将形态学上端按照同一方向摆放,特别是对于块茎用作种薯的,在分割种薯时,要将形态学上端做好标记,以免放错方向。放好种薯后,覆土填平,覆土厚度为

8~10厘米，用脚稍轻踩，促使山药种薯生根发芽。对于早春种植的北方寒冷地区，可以在覆土填平后，覆上一层地膜，不仅出苗早，且可增加产量。定植后一直到出苗，期间不再浇水，以利于山药幼苗的根系下扎。

为提高出苗率，防止山药缺苗断垄，可在定植前将山药种薯提前催芽，待芽长到3~5厘米时，选取生长健壮的带芽种薯进行定植，摆放种薯时应将薯芽朝上，覆土5~8厘米，对于薯芽已经长成较长幼苗的，覆土时应将幼苗露出地面。提前催芽定植种薯缓苗较快，成活率较高，对于出苗较难的品种可以采用提前催芽再定植（图5-5）。

图5-5　山药种植

（二）搭架

山药出苗后，生长速度迅速，当山药茎蔓长至20~30厘米长时，由于山药茎纤细而脆嫩，很容易被大风吹折，要及时搭架。目前生产中山药搭架主要采用两种方式，即竹架和网架。

1. 竹架　指用竹竿做支架，一般采用"人"字形架，每3~5根支架为1束，引蔓盘旋上升，架高在1.5米以上；也有些地方采用四角架，每4株山药苗各插入1根支架，支架方向与地面垂直，在支架上端再横搭4根支架，用绳子扎紧。

2. 网架 主要是采用一种环保型聚乙烯网代替竹竿，一般是在地两头各立1根水泥柱，中间每隔4米立一根钢结构空心管作为支撑，将山药网固定到到上面，网架种植如图5-6所示。网架高度一般要求1.8米以上，拉尼龙网的钢丝一般选用8～10号的钢丝，长度以50～100米为宜。钢丝应拉紧，防止塌架。用尼龙网搭架的过程中一般每隔10～15米要增加一个支撑点，铁丝与支撑点之间应固定牢固，如果支撑点太少，尼龙网容易下垂，影响山药叶片的受光面积。支架搭好后，要及时将引蔓上架，以便于山药向上生长。采用钢管做支撑成本较高，但操作方便，也可用2根或3根粗木棍代替钢管作为支撑点。

山药搭架要注意其牢固性，因为，在我国沿海和台湾地区，经常会受台风的袭击，支架若不牢固，大风来袭，很可能就会把山药支架刮倒，甚至使山药连根拔起。有些地方山药不进行搭架，采用山药爬地生长，这种方法种植山药应该将株距加大，增加其受光面积，促进山药生长发育（图5-6）。

山药网架

山药竹架

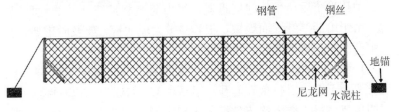

图5-6 山药搭架

（三）中耕除草

山药缓苗后生长速度加快，生长期间要进行中耕除草，不仅可以疏松土壤，清除杂草、减少土壤水分蒸发，而且可以减少病虫滋生的场所，减轻山药的病虫害。特别是夏秋季山药进行中耕除草可有效地促进山药根茎形成，为丰收创造有利条件。

山药田间杂草会随着山药生长而生长，为避免杂草争夺养分，因此，中耕除草时期要在早期进行，注意不要伤害山药根系。随着人们对山药需求量的增加，山药种植面积越来越大，大面积种植山药地区，山药种薯定植后喷洒除草剂灭除杂草效果极显著。如江苏地区种植山药后到出苗前，趁雨后土壤墒情较好时，用48%氟乐灵乳油150~200克/亩，加水50千克，均匀喷洒土面，耙子浅搂一下，效果更好；台湾地区在种植山药种薯后，采用34%施得圃乳剂250倍液，喷洒土面，用药量在4千克/公顷，效果也很不错。

在选择除草剂时，应根据杂草种类选择合适的除草剂。例如，以禾本科杂草为主的地区，应采用氟乐灵、地乐胺和除草通；以芥菜、灰草为主的地区，可采用利谷隆和除草醚。不管采用哪种除草剂，一定要在杂草刚萌发或杂草开始萌发时施用，这样效果才更加有效。若用药过晚，杂草长到一定高度，不仅影响除草效果，而且会对山药产生药害。在施用除草剂时，一定要对除草剂的药效了解清楚，可先做小面积的除草剂试验。

（四）整枝、打杈

在山药生长过程中，一般不需要进行整枝，但当有几株山药幼苗挤在一起时，应拔去弱苗，留下1株强壮苗。山药幼苗进入生长旺盛期后，如主蔓基部侧枝较多也可以适当摘除侧枝，以利通气透光。待山药爬满架后，下部叶片生长较快造成下部生长旺盛，植珠下部采光通风困难，从而影响植株生长，所以在山药的生长期内，也要不定期将下部植珠与叶片滋生的疯杈进行打压，以便于山药的正常生长。在生长后期，如果零余子过多，应该及时摘除，否则会与地下块茎竞争养分，影响块茎的膨大。相关实验发现，零余子的产量达到每亩500千克以上，山药产量就会减少。所以，除了采种外，山药生长后期还需要将多余的零余子摘去。如果山药的地上部生长过旺，也可通过喷施控旺剂来控制其生长，常用的控旺剂主要有多效唑、矮壮素等。

（五）适量浇水

山药对水质的要求不严格，河水、湖水、井水、自来水和雨水均可，但要确保水不被污染。如工厂排出的废水，不能用作灌溉用水。根据相关试验报道，施用含有害重金属元素排出的污水，山药块茎中也含有害重金属，对人体身体健康将造成严重伤害。若水质污染严重，影响山药幼苗生长，甚至造成山药幼苗死亡。

山药属于较耐旱的作物，是因为其叶片正反面有较厚的角质层，蒸腾作用较弱。一般在山药定植前浇一次透水后，待山药出苗10天后再浇第一次水。山药刚出苗，需水量不大，此时浇水不能大水漫灌，应浇浅水。不同地区种植山药，因土壤质地和气候条件不一样，浇水应灵活掌握，原则上待山药幼苗长至1米左右，地面以下3厘米左右干旱时，开始浇第一次水，此时浇水有利于山药根系向下伸展，增强抗旱力。有些地区习惯在浇第一次水时随施肥同时进行，这种做法会对幼苗造成伤害，容易烧伤幼嫩的根系。浇第一次水时可在垄上开1条小浅沟，在沟中灌水，使水逐渐下渗。民间有句谚语："旱出扁，涝出圆。"土壤极度缺水，尽管山药也能存活，但产出的山药是形状较扁，收获的山药产量和经济效益均降低。土壤水分充足的情况下，长出的山药是圆形的，产量和经济效益显著增加。山药在浇完第一次水后，生长速度加快，经过1周左右可浇第二次水。第二次水也需要浅浇。这个时期的日照充足，气温高，蒸发量大，浇水后土壤易板结，因而要注意用浅耙等工具将板结的土壤耕成虚土，否则土壤板结，不利于保水，还会绷断幼嫩的根系。第三次水可加大用水量，注意保持土壤见干见湿的状态。总之，随着山药植株旺盛生长，需水量也越来越大，要及时调整浇水量，满足山药生长对水分的需求。若降水量过大，要注意及时排水，不可使山药植株淹涝。立秋以后，为使山药块茎增粗，防止继续伸长，可浇一次大水，具抑制块茎继续下扎，促其横向生长的作用。

随着滴灌技术的发展，水肥一体化成为了一种新型模式。现在很多山药种植区采用滴灌模式，既保持了土壤湿润而不涝，又节省水源，提高水分利用效率。同时，在滴灌过程中可将水溶性肥一起施入，达到水肥供应平衡。

六、病虫害防治

（一）山药主要病害及其防治

1. 山药炭疽病 山药炭疽病是山药生产中分布最广、发生最重的一种病害，严重影响了山药的产量和品质。

（1）**症状**。一般先从植株下部开始发病，叶片、叶柄和茎蔓均可受害。叶片染病，多从叶缘开始，初为暗绿色水渍状斑点；后发展为圆形或不规则形大斑，病斑黑褐色，病健部界限明显；后期病斑中部灰白色，通常有轮纹，湿度大时可产生红色黏稠物质。叶柄染病，初为水渍状褐色病斑，稍凹陷，后期病斑呈黑褐色，干枯，随着病斑的扩大，极易造成叶片脱落。茎蔓染病，初为黑色小点，后逐渐扩大为梭形的黑褐色病斑，中间灰白色，稍凹陷，严重时病斑融合，导致茎蔓枯死（图5-7）。

图5-7 山药炭疽病

（2）**病原**。为半知菌亚门薯蓣圆盘孢属的真菌。

（3）**传播途径和发病条件**。病原菌以菌丝体和分生孢子的形态在病叶、茎、腋芽和种薯上越冬，翌年主要通过分生孢子，借助风雨、农事操作或蚜虫等昆虫活动进行传播蔓延，具有再侵染。高温高湿是该病发生或流行的决定因素，发病的适宜温度为25～30℃，相对湿度为80%左右。该病发生的早晚与降雨关系密切,雨季到来的早,该病发生的就早。北方地区一般在6月下旬至7月初开始出现病株,雨水较多的年份发病重。如果条件适宜,该病害可大面积暴发。

(4) 防治方法

①发病地块要实行轮作,特别是水旱轮作的防效效果好,避免与山芋、花生轮作,发病严重的地块要实行3年以上的轮作。

②适当更新架材,减少病原物,且要搭好秧架,使枝叶合理分布,保持通风透光。

③冬季收获时要清扫残枝落叶并集中烧毁,减少越冬病原物。

④做好田间排水工程,降低田间湿度。

⑤药剂防治。炭疽病发病前使用75%的百菌清可湿性粉剂500~700倍液、50%福美双可湿性粉剂500~600倍液或70%代森锰锌可湿性粉剂500~600倍液交替喷雾进行保护;发病初期使用25%咪鲜胺乳油1 000~1 200倍液、10%苯醚甲环唑水分散粒剂1 000~1 200倍液或325克/升苯甲·嘧菌酯悬浮剂1 000倍液交替喷雾,每隔7~10天喷一次,共喷2~3次,喷雾后遇雨要及时补喷。

2. 山药斑纹病　山药斑纹病又称山药白涩病、柱盘孢褐斑病,是为害山药生长的主要病害之一。

(1) **症状**。叶片和茎蔓均可受害,一般从植株下部叶片开始发病,发病初期在叶面上出现黄白色边缘不明显的病斑,后逐渐扩大,由于受叶脉的限制形成不规则或多角形褐色病斑,无轮纹,病斑大小为2~5毫米,后期病斑中间淡褐色,四周褐色略突出,散生黑色小点,即病菌分生孢子盘,严重时可导致叶片穿孔或枯死。茎蔓染病,出现长圆形或不规则形的褐色病斑,严重时可导致茎蔓枯死。

(2) **病原**。为半知菌亚门柱盘孢属薯蓣柱盘孢真菌。

(3) **传播途径和发病条件**。病原菌以菌丝体和分生孢子盘的形态在病残体上越冬。翌年在适宜的条件下产生大量的分生孢子,借助风雨进行初侵染，病菌侵入茎叶后，随着菌丝的生长形成分生孢子盘和分生孢子，分生孢子成熟后遇到适宜的温度和湿度，经过1～2天的潜伏，可以萌发进行再次侵染，使病害蔓延。高温高湿是该病发生的主要因素。发病的适宜温度为20～32℃，雨水较多的地区发病较重。

(4) 防治方法

①加强田间管理，合理施肥，施用腐熟的农家肥。

②合理灌水，避免漫灌，雨天注意排除田间积水。

③合理密植，保持田间通风透光。

④发病地块实行轮作，避免连作。

⑤收获后彻底清除植物病残体，集中烧毁，减少越冬菌源。

⑥药剂防治。发病初期选用75%百菌清可湿性粉剂500～600倍液、80%代森锰锌可湿性粉剂600～700倍液或50%福美双可湿性粉剂500～600倍液交替喷雾，每隔7～10天喷一次，共喷2～3次。

3. 山药根结线虫病　山药根结线虫病又称山药根茎瘤病，受害前期植株地上部分没有明显症状，中后期叶片变小，叶色淡，茎蔓生长缓慢。一般受害后可减产20%～40%，严重者可达60%～80%，甚至块茎完全不能食用。

(1) **症状**。主要为害根系和块茎，块茎受害后表面变为暗褐色，无光泽，大多数表现畸形。在线虫侵入点的四周隆起肿大，形成许多直径为2～7毫米的根结，严重时多个根结愈合在一起形成疙瘩。根系受害后会产生米粒大小的根结，解剖镜检，病部能见到乳白色的线虫。

(2) **病原**。为根结线虫属的多种根结线虫的混合群体，主要有瓜哇根结线虫、南方根结线虫和花生根结线虫3个种。

(3) **传播途径和发病条件**。病原线虫以卵在病残组织和土壤中越冬，带病的土壤和带病的繁殖材料是主要的初侵染源。翌年平均地温达10℃以上时越冬卵开始发育，2龄幼虫侵入山药幼根进行繁殖危害。成虫发育的最适宜温度为22～27℃，最适宜的土壤相对湿度为60%～70%。病原线虫主要分布在5～30厘米的土层中。

主要通过带病土壤、病残体、灌溉和农事操作等途径进行近距离传播,也可通过带病繁殖材料和带菌有机肥进行远距离传播。

(4) 防治方法

①加强检疫,防止从发病区域引种,选用健壮无病的山药种薯作为繁殖材料。

②合理轮作换茬,与玉米、棉花等非寄主作物轮作3年以上,能显著减少土壤中的线虫量。

③彻底清除田间病残体,带出田外集中烧毁或深埋。

④药剂防治。在山药下种前,选用5%克线磷颗粒剂10千克/亩或5%灭克磷颗粒剂6千克/亩进行土壤消毒,将药剂施在30厘米深的土层内,并与土壤混合均匀。山药出苗后,可用1.8%阿维菌素乳油4 000~6 000倍液进行灌根1~2次,每株灌100~200毫升药液。

4. 山药根腐线虫病 山药根腐线虫病在山药整个生育期均可发病,直接为害山药的块茎和根系,感病山药块根茎极易折断,严重影响了山药的产量和质量,轻者减产30%~50%,重者绝收。

(1) **症状**。块茎和根系均可受害。根系受害,初为暗褐色水渍状损伤,后发展为褐色缢缩,最终导致根系死亡。块茎中上部比下部发病重,初为淡褐色小点,后逐渐发展为椭圆形或不规则形的黑褐色病斑,严重时病斑扩展成片,最后块茎干枯腐烂。山药受害后地上部表现为植株矮小,叶色偏淡,甚至整株枯死。

(2) **病原**。目前山药根腐线虫在国内一共发现3种,分别为咖啡短体线虫、穿刺短体线虫和薯蓣短体线虫。

(3) **传播途径和发病条件**。山药根腐线虫病为迁移性内寄生线虫,以卵、幼虫和成虫在土壤和山药块茎中越冬,翌年条件适宜时,线虫开始侵染并在病组织内大量繁殖和再侵染。病田土壤和带病繁殖材料是翌年主要的初侵染来源。其中薯蓣短体线虫在土壤中能存活3年以上。病原线虫发育的适宜温度为25℃左右,幼虫在10℃以下则停止活动。线虫主要分布在0~40厘米的土层中,线虫密度随土壤深度的增加逐渐递减。

（4）防治方法

①农业防治。参见山药根结线虫病。

②药剂防治。播种前使用8%三唑磷微乳剂50倍液或10%噻唑膦颗粒剂50倍液处理山药种属，浸泡20分钟后晾干。每亩用10.5%阿维·噻唑膦颗剂2千克施于山药沟内，也可用42%威百亩水剂50千克/亩进行灌根。

5. 山药根茎腐病 山药根茎腐病的发生会导致山药茎蔓干枯死亡，影响水分和养分的吸收和运输，减产30%～50%。

（1）**症状**。主要为害山药藤蔓基部、块茎和根系。藤蔓发病，初期在基部形成黄褐色不规则形的病斑，后逐渐扩大为深褐色中部凹陷的长形病斑，严重时，茎蔓的基部干缩，叶片出现萎蔫，茎蔓逐渐枯死。块茎染病，一般在顶芽附近形成不规则的褐色病斑。根系发病可造成整株根系死亡。

（2）**病原**。为半知菌亚门丝核菌。

（3）**传播途径和发病条件**。病原菌以菌丝体或菌核在土壤中或病残体上越冬，在土壤中可以存活2～3年，通过雨水、土壤和施用带病菌的肥料等途径传播。高温高湿是该病发生的主要因素，一般干旱时发病轻，雨后田间积水时发病重。

（4）**防治方法**

①收获时彻底清除植株病残体集中烧毁。

②合理密植，通风透光良好。

③实行轮作，避免连作。

④加强肥水管理，注意防涝，及时排除多余水分，浇水时严禁大水漫灌。

⑤药剂防治。发病初期使用95%敌克松200～300倍液或75%百菌清可湿性粉剂600倍液进行灌根，每隔15天灌一次，连灌2～3次；喷施70%代森锰锌可湿性粉剂500～600倍液或50%福美双可湿性粉剂500～600倍液进行防治，每隔7～10天喷一次，交替使用2～3次。

6. 山药枯萎病 山药枯萎病也称死藤病、死秧病。发病严重时整株死亡，危害极大。

（1）**症状**。主要为害茎基部和块茎，发病初期在茎基部出现棱条形褐色湿腐状病斑，随着病斑的不断扩展，基部整个表皮腐烂，当腐烂面积绕茎一周时，就会导致地上部的叶片脱落，藤蔓枯死。剖开茎基部可见病部变褐。块茎染病后在皮孔的四周形成圆形或不规则形褐色病斑，严重时整个山药变细、变褐。贮藏期间枯萎病可继续扩展为害。

（2）**病原**。为半知菌亚门尖孢镰刀菌。

（3）**传播途径和发病条件**。病原菌以菌丝体在病残块茎内或以厚垣孢子在土壤中越冬，条件适宜时可能发病，高温高湿季节最容易暴发流行。收获后带病的山药仍可继续发病。

（4）**防治方法**

①选用无病种薯进行播种，或播种前使用70%代森锰锌可湿性粉剂1 000倍液浸种10～20分钟后晾干。

②合理施肥，避免过多施用氮肥。

③高温阴雨天气注意防涝排水。

④药剂防治。发病初期使用70%代森锰锌可湿性粉剂500倍液、消菌灵1 000倍液、菌立灭1 000倍液与井冈霉素500倍液灌根，每株灌药液50克，每隔10天灌一次。

7. 山药斑枯病　山药斑枯病在山药苗期便可发生，发病越早，山药减产越严重。

（1）**症状**。主要为害山药叶片，初为褐色小点，后病斑扩展为多角形或不规则形病斑，病斑中央为褐色，边缘为暗褐色，大小为6～10毫米，病斑上生有黑色小点，即病菌的分生孢子器。发病轻时叶片干枯，严重时全株枯死。

（2）**病原**。为半知菌亚门的薯蓣壳针孢真菌。

（3）**传播途径和发病条件**。该病菌以分生孢子器在病叶上越冬，翌年春季环境条件适宜时，分生孢子器释放出分生孢子，借助风雨进行传播，进行初侵染和多次再侵染。菌丝生长和分生孢子形成的适宜温度为25℃左右，在适宜的温度和湿度条件下，病菌在

48小时内就可以侵入山药叶片组织内。干旱时会抑制菌丝生长和孢子形成,该病发生较轻。当气温15℃以上且遇阴雨天气时,有利于该病的发生。

(4) **防治方法**。参照炭疽病部分。

8. 山药褐腐病 山药褐腐病又称褐色腐败病。该病发病初期症状不明显,收货时才会在块茎上发现。

(1) **症状**。主要为害地下块茎,表现为腐烂状的不规则形褐色斑,稍凹陷,染病块茎常表现为畸形,稍有腐烂,病部变软,切开后可见病部变为褐色,受害部分比外部的病斑大且深,严重时病部周围全部腐烂。

(2) **病原**。为半知菌亚门的腐皮镰刀菌。

(3) **传播途径和发病条件**。病原菌以菌丝体、厚垣孢子或分生孢子在病残体、种薯和土壤中越冬,该病菌在土壤中可以长期存活,一旦染病很难根除。可通过带病种薯、雨水、流水、农事操作等途径传播。高温高湿有利于该病的发生和蔓延,病菌的生长发育温度为13~35℃,最适温度为29~32℃。

(4) **防治方法**

①选用无病、健壮的种薯播种。

②做好田间防涝工作,及时排出田间积水,采用滴灌浇水,避免大水漫灌。

③合理密植,改善田间通风透光条件,降低田间湿度。

④收获时彻底清除病残物并集中销毁或深埋。

⑤实行3年以上轮作,避免连作。

⑥药剂防治。山药生长期间可以使用75%百菌清可湿性粉剂600倍液、50%多菌灵可湿性粉剂500倍液或70%甲基硫菌灵可湿性粉剂800倍液进行灌根,每次间隔15天左右,连灌2~3次。

(二) 山药主要害虫及其防治

1. 蛴螬

(1) **为害特点**。蛴螬是鞘翅目金龟甲总科幼虫的统称。在山药上为害的主要是暗黑鳃金龟、大黑鳃金龟和铜绿丽金龟等的幼虫。为害山药的块茎和根系，主要取食山药幼嫩的侧根系，严重时会导致地上茎叶枯死，造成缺苗断苗，对山药的前期生长危害较大。取食块茎形成孔洞，导致块茎生长点损害，形成分枝，严重影响了山药的品质和产量。被侵染的块茎刮皮后为红褐色，较硬，不易煮熟。

（2）形态特征。蛴螬体长30～45毫米，整体多皱，头部黄褐色，胸腹部乳白色，具胸足3对，静止时弯成C形。成虫体长16～22毫米，体黑色、黑褐色、铜绿色等，鞘翅长，椭圆形，有光泽。

（3）生活习性。我国北方地区1～2年发生1代，以老熟幼虫和成虫在土中越冬。成虫昼伏夜出，白天藏在土中，晚上取食，取食具有选择性。成虫具有假死性、趋光性、飞翔能力强等特点。一般交配后10～15天开始产卵，成虫将卵产在松软湿润的土壤内，每头雌虫可产卵100粒左右。幼虫共3龄，老熟后，经预蛹期后化蛹，蛹期一般为20天。幼虫在土中活动与土壤温湿度关系密切，当土壤10厘米深处温度达到5℃时开始上升至地表，土温达13～18℃时活动最盛，23℃以上时则往深土中移动，当秋季土温下降到其活动适宜范围时再移向土壤上层。

（4）防治方法

①物理防治。利用杀虫灯或性诱剂集中诱杀成虫。

②农业防治。冬前深翻土40厘米左右，破坏蛴螬的生存环境，使其冻死、晒死或被天敌捕食；蛴螬抗水能力差，因此在幼虫孵化期灌水，能降低虫口基数；蛴螬对未腐熟的粪肥有趋性，因此适量施用腐熟有机肥，不施用未腐熟的有机肥。

③药剂防治。山药定植前使用50%辛硫磷乳油150克/亩拌细土15～30千克，混合均匀后撒于种植沟内，栽后覆土。幼虫孵化期，使用50%辛硫磷乳油1 000倍液或90%敌百虫800倍液灌根，也可用50%辛硫磷乳油250g/亩拌细土20～25千克，撒施后结合中耕翻入土中。

2. 小地老虎

（1）为害特点。小地老虎又称土蚕、切根虫。幼虫可为害山药幼苗、种薯和根系，导致植株死亡，严重时造成缺苗断垄。

（2）形态特征。成虫体长16~23毫米，翅展42~54毫米，深褐色。前翅暗褐色，具有显著的肾状斑、环形纹、棒状纹和2个黑色剑状纹。后翅灰色无斑纹。卵为半球形，表面有纵横的隆起浅纹，出产时为乳白色，孵化前变为灰褐色。老熟幼虫体长37~47毫米，体表粗糙且布满大小不等的颗粒，腹部1~8节，腹末臀板黄褐色，有2条深褐色纵带。蛹长18~23毫米，赤褐色，有光泽。

（3）生活习性。全国各地发生世代不同，发生代数由北向南逐渐增加。黑龙江1年发生2代，北京1年发生4代，南方各省一般1年发生6~7代。成虫飞翔能力很强，具有远距离迁飞能力。成虫白天潜伏，夜晚活动，对黑光灯、糖、醋、酒等表现较强的趋性。成虫交配后将卵产于杂草或土块中，每头雌虫平均产卵800~1 000粒。幼虫共6龄，3龄后幼虫具有假死性和自相残杀性，受惊后缩成环形。小地老虎喜欢温暖潮湿的环境条件，最适宜发育温度为13~25℃。

（4）防治方法

①物理防治。使用黑光灯或糖醋液进行诱杀。糖醋液按照糖6份、醋3份、白酒1份、水10份和90%敌百虫晶体1份的比例进行调配，并混合均匀后放在田间诱杀成虫。

②农业防治。收获后及时翻耕晒田，杀死土中幼虫和卵；清除田间杂草，消灭杂草上的卵和幼虫。

③药剂防治。3龄以前的小地老虎抗药性较差，因此要在1~3龄的幼虫期进行药剂防治。使用90%敌百虫晶体1 000倍液、2.5%敌杀死乳油2 000倍液喷雾。

3. 斜纹夜蛾 斜纹夜蛾属鳞翅目夜蛾科，别名莲纹夜蛾。

（1）为害特点。主要为害叶片和嫩茎。初龄幼虫取食山药叶片的下表皮和叶肉，留下表皮和叶脉，呈窗纱状。4龄以后进入暴食期，叶片被咬成缺刻、孔洞，严重时叶片被吃光，仅留下主脉。幼虫也可咬断嫩茎造成地上部枯死。

（2）形态特征。成虫体长14~20毫米，翅展35~42毫米，头、胸、腹均呈灰褐色,胸部背面有白色丛毛。前翅灰褐色,内、外横线为灰白色的波浪形,翅面上有一个环状纹和肾状纹,两纹之间有3条白色斜纹。后翅为灰白色半透明状,无斑纹,常有浅紫色闪光。卵的直径为0.4~0.5毫米,扁球形,初产时为乳白色,后变为浅绿色,孵化前变为紫黑色。卵粒堆积成1~4层不规则重叠排列的卵块,外表覆有疏松的黄褐色茸毛。幼虫体长35~47毫米,体色会随日龄的变化及光周期、温度、湿度、虫口密度和取食植物不同而呈现不同颜色。背线、亚背线及气门下线均为黄色至黄褐色,从中胸至第九腹节,沿亚背线上缘每腹节两侧各有三角形黑斑1对,其中以第一、七、八腹节的斑纹最大,近似菱形。胸足近黑色,腹足多为黑褐色。蛹长15~20毫米,红褐色,腹部背面第四至第七节近前缘处有小斑点。

(3)生活习性。在东北、华北、黄河流域1年发生4~5代,长江流域1年发生5~6代,华东、华中1年发生5~7代,华南1年发生7~8代西南一年发生8~9代,在广东、广西、台湾地区可终年繁殖,无越冬现象。成虫白天隐藏在山药藤叶处,夜间取食、产卵。卵多产于中、下部叶片的背面。幼虫共6龄,具有假死性。初孵幼虫聚集为害,3龄前仅取食叶肉,4龄后进入暴食期。老熟幼虫在1~3厘米的土中做土室化蛹,土壤板结时可在枯叶层下化蛹。

(4)防治方法

①物理防治。用黑光灯或糖醋液诱杀成虫;利用幼虫的假死性进行人工捉虫;结合农事操作摘除有卵块和初孵幼虫的叶片。

②化学防治。低龄幼虫喜欢群集于山药叶背取食,因此药剂防治宜在2~3龄前,使用2%甲维盐微乳剂2 500倍液、10%虫螨腈悬浮剂900倍液或15%茚虫威乳油2 500倍液进行喷雾,防治效果好。

4. 叶蜂

(1)为害特点。幼虫在山药叶片上群集为害,取食山药叶片,严重时将叶片全部吃光,仅留下叶脉和叶柄。暴发流行时对山药产量影响较大。

(2) 形态特征。成虫体长6～9毫米，翅展8～11毫米。卵为长椭圆形，初产时为乳白色，后逐渐变为米黄色，孵化前为灰褐色。幼虫的头部为黑色，胸部较粗，腹部较细。体壁有许多皱纹，蓝黑色，具有3对胸足和8对腹足。蛹的头部为黑色，腹部稍淡（图5-8）。

图5-8　山药叶蜂

(3) 生活习性。在山东等地每年发生2代，成虫夜伏昼出，在晴朗高温的白天交尾产卵，每头雌虫产卵40～150粒。幼虫共5龄，具有假死性，老熟幼虫入土做茧化蛹，以蛹在土壤中越冬。山药叶锋的危害以第一代最重，因此应重点防治第一代。

(4) 防治方法

①农业防治。山药收获后深耕土壤，可杀死一部分越冬虫蛹。

②物理防治。叶锋产卵集中，幼虫群集，可人工摘除有卵块和幼虫的叶片。

③化学防治。使用2%的甲维盐微乳剂2 500倍液、20%虫酰肼悬浮剂2 000倍液、2.5%敌杀死乳油3 000倍液进行喷雾，每隔7～10天喷一次，共喷2～3次。

5. 蝼蛄

(1) 为害特点。成虫和若虫均可为害山药的根茎，能使山药根系脱离土壤而缺水死亡，严重时造成缺苗断垄。

(2) 形态特征。非洲蝼蛄属不完全变态昆虫，一生中只有3个虫态：卵、若虫和成虫。成虫体长30～35毫米，灰褐色，腹部颜色较浅，全身密布细毛。头部呈圆锥形，触角为丝状。前胸背板为卵圆形，中间有明显的暗红色长心脏形凹陷斑。前翅灰褐色，达腹部中部。后翅扇形，超过腹部末端。腹末具有1对尾须。前足为开掘足，后足胫节背面内侧有4个距。成虫一生平均产卵100余粒，卵初产时乳白色，椭圆形，后变为乳浊色，孵化前变为土黄色。若虫共8～9龄，初孵化的若虫为乳白色，若虫的体色随蜕皮后时间的长短而变化，一般刚蜕皮后为浅灰色至黄褐色，随着时间的增长体色逐渐加深。

(3) 生活习性。南方每年发生1代，北方约2年发生1代，以成虫或若虫在地下越冬。清明前后开始上升到地表面活动，5上旬至6月中旬是为害的第一次高峰期。6月下旬至8月下旬，天气炎热，开始转为地下深土层中活动，6~7月为产卵繁殖高峰期。9月以后气温下降，再次上升到地表层，形成第二次为害高峰。10月中旬以后陆续钻入深土层中越冬。蝼蛄昼伏夜出，夜间出来活动。蝼蛄具有趋光性，对香甜物质具有强烈的趋性。成虫和若虫均喜欢松软潮湿的壤土或沙壤土，最适宜活动的环境条件为：气温13~20℃，20厘米处土温为15~20℃。温度过高或过低都将潜入土层中隐藏。

(4) 防治方法

①使用黑光灯诱杀成虫，选择晴朗无风、闷热的夜晚进行诱杀效果更好。

②实行水旱轮作，破坏其栖息地和产卵场所。

③使用毒饵诱杀，先将麦麸、豆饼、玉米碎粒等共5千克饵料炒香，与90%敌百虫晶体30倍液混合制成毒饵，药量为毒饵的0.5%~1%。

④使用90%敌百虫晶体800倍液或50%辛硫磷乳油1 000倍液进行灌根。

七、采收

(一) 零余子采收

零余子在8月中下旬开始采收，由于零余子生长的不同步性，一般在8月中下旬和9月中下旬分别采收一次。对于零余子比较稀少的山药品种进行人工摘取；对于零余子比较多的品种可在植株下方撑一块布，将零余子打落到布上，再从中筛选健康、无破损、较大的零余子保存。

(二) 地下块茎采收

1. 采收时期 山药的收获时间较长,一般从8月到第二年4月都可以收获。山药的收获可以根据市场需求、当地的气候状况、品种的生育期长短、劳动力条件以及贮藏条件等情况而定,按照集中收获时间可分为夏收、秋收、春收。

(1) **夏收**。山药的夏收时间一般集中在8月上旬到9月中旬。夏收是为了抢占市场、填补淡季需求,增种一茬萝卜。山药在8月份正处在青黄不接的淡季,上一年贮藏的山药已基本销售完,即使还有库存也已经不是很新鲜了,此时收获新山药正好可以补充市场需求,新产的山药新鲜、口感好,有很强的市场优势,而且由于数量较少,价格较高,可以增加经济效益。

8月收获完山药,在北方正赶上萝卜的种植时期,可以抢种一茬萝卜或是其他秋季蔬菜,在江苏等地也可以抢种一茬牛蒡。不仅提高了土地利用效率还增加了收入。

但是提前收获的山药还没有完全成熟,水分大、干物质含量低,最怕太阳直晒,一晒就容易萎蔫。收获时山药块茎应多带点泥土防干保湿。8~9月收获的山药由于养分积累不足,在品质和口感方面都不及成熟后的山药,只能煮、蒸或炖菜用,熬粥效果较差,特别是不能用来加工山药汁、山药酸奶、山药清水罐头等山药饮品,以及山药干和山药粉。早收获的山药褐变较严重,加工的饮品品质较差。由于水分含量大,做山药粉或山药干不合算且营养较差。此外,夏收的山药不能用来制药,因为水分多,干货少,药性较差,制成的中成药效果也不好。因此山药生产中应根据实际情况慎重选择夏收。

(2) **秋收**。山药的秋收较为普遍,一般是在9月下旬到11月进行。这段时间山药地上部已渐枯萎,特别是霜降后,地上部枯死。此时收获山药应注意防冻,在初霜来临较早的北方,应在初霜前将山药收获完毕。山药收获时应将支架和地上茎蔓一起拔掉,清理出来,并将掉落到地上的零余子、落叶、残枝清扫出去,防止落叶和残枝携带的病菌扩大感染。

山药采收过程中，一定要保护好山药嘴子，山药嘴子是重要的播种部位，如果挖断或挖伤将影响冬季的贮存，对于挖断的或挖伤的山药嘴子应及时进行石灰粉或药剂处理，以备来年播种用。

山药的品质随着收获时间的推迟会比前期收获的要好，下午收获比上午要好。在保证不受冻的情况下，尽量晚收获。收获过程中，应注意防高温防晒，防止山药变色。此时收获的山药正赶上山药采收的旺季，山药价格特别是经销商收购价格会偏低，若赶上丰年，国内和出口市场不景气，很容易出现滞销现象。

(3) 春收。山药的春收一般是在翌年的3～4月，最迟不能影响春播和定植。如果收获太迟，山药经过可5个多月的休眠期，地温达到了10℃左右，山药就会萌发新芽，因此应及时采收。春收的山药品质较好，不仅营养价值高，风味好，且加工品质量高，褐变率减少。春季收获的山药除了品质好外，还更利于山药的夏季贮藏，可供应到8～9月新山药上市，这样可达到常年有山药供应。如果秋季来不及收获，寒流提前来临，可留到春季收获，同时还省去冬季贮藏的成本。春季上市的山药价格也较高，不着急采收的种植户可以等到春季采收。

春季采收山药也要在秋冬季节把地上部和支架拔掉，将掉落到地里的枝蔓和落叶等清理干净，防治病菌扩展。但是在冬季降雪较厚的地区不要采用春收，因为经过一个冬季容易引起块茎腐烂。田间野鼠较多的地区也不要进行春收，否则山药损失较大。

2. 采收方式 山药的收获可分为人工挖沟采收和机械收获两种，目前挖长山药的机械还不多见，主要采用人工采收。人工采收需要在地表开一道10厘米左右的浅沟，便于看到山药块茎的具体位置，这样不容易挖断或挖伤块茎。开挖时，应把山药深度挖够，一般要挖深1～1.5米、宽70厘米左右的空壕，一根一根的挨着挖。挖时应先从山药块茎的两侧慢慢撬动，待挖到根端，块茎可以轻松摇晃时，小心将块茎提出。人工采收山药费工费力，效率较低，特别是随着劳动力成本的不断增加，人工采收成本也越来越高，从而制约着山药种植面积的扩大。机械采收山药一般是对机械和种植技术要求都较高，稍不注意或是山药种植不规范就会挖伤山药，挖伤的山药不但降低商品性价值，而且不容易贮存。块状山药由于地下块茎较短，一般在30～50厘米的土层，可以采用机械收获。徐州农业科学院研发的山药机械化机器，对于种植苏蓣2号可以实现起垄、播种、中耕除草、收获全程机械化。

八、山药冬季贮藏

（一）零余子贮藏

8月底到9月中下旬开始收获零余子，摘取直径或长度为1.5厘米以上的健康、无破损、皮色好、非畸形的零余子放入尼龙纱网袋中，晾晒几天，在可调温度的室内，地面铺设一层3～5厘米厚的黄沙，将装有零余子的纱网袋平铺开来，整体的排放到黄沙上面，上面再覆盖一层3～5厘米厚的黄沙，定期喷水保持湿度在60%～70%，温度控制在15℃左右。这样贮存的零余子较完好，且不容易失水，保持较强的生活力，等来年的4月份种植时能很快萌动发芽。

（二）山药种薯贮藏

山药种薯的贮藏分为冬季贮藏和夏季贮藏，冬季贮藏是从霜降前后收获后经过整个冬季的贮藏，夏季贮藏是春季收获后经过整个夏季的贮藏。

1. 冬季贮藏 冬季贮藏是山药最主要的贮藏方式。各地进行山药冬季贮藏的方式多种多样，有堆藏、沟藏、筐藏、窖藏及冷库贮藏等。

（1）堆藏。堆藏的方法适合长江流域和黄河流域，在我国中北部地区有不少是将收获的山药堆放在家中贮藏的。堆藏时，首先在地上铺一层秸秆或沙土，将经过挑选的山药按照同一方向平放在秸秆或沙土上，每放一层山药就要铺一层秸秆或沙土，为了保持山药的湿度,需在最外面盖上一层10厘米厚的湿沙土,最后覆盖上塑料薄膜进行保温保湿。

(2) 沟藏。我国中北部冬季较为寒冷的山药产区一般使用沟藏的方法来贮藏山药。首先需要提前挖好沟,一般沟的长度视需要而定,沟宽1米左右,沟深1~2米。当山药地上部分枯死后,在土壤冻结前开始收挖山药,挖出后应立即存放到沟内。摆放山药时,一层山药一层土,一层土的厚度为2~4厘米,沟内摆放山药的总高度不要超过0.8米,顶部要盖一层湿细土,随着气温的下降,需要逐渐增加顶部土层的厚度,为防山药受冻,以冻土层距山药顶部5厘米为宜。采用这样的贮藏方法可以使山药贮藏到翌年的3~4月。

(3) 筐藏。首先将筐(箱)进行消毒,用经过日晒消毒的稻草或麦秆铺在筐(箱)底和四周,将选好的山药一层层堆放在筐(箱)内,直堆到八分满,上面用麦秆覆盖至筐(箱)口,再采用骑马式堆放在贮藏库内,高度一般为3个柳条筐或4个板条箱的高度。为了防止地面潮气对山药块茎的影响,堆放时可在筐或箱的底下垫砖头或木板,使筐(箱)底部高出地面10厘米左右。

(4) 窖藏。窖藏在北方地区应用广泛,可分为棚窖、井窖和窑窖等形式。

①棚窖。一般在秋季建窖,春季拆除,一般每年拆修一次。棚窖分为地下式和半地下式两种,地上部分垒成土墙,窖顶用木料、高粱或玉米秸秆、泥土等做成棚顶。一般窖深1~1.5米,窖宽1.5~2米,窖长因贮藏量而定,一般不少于3米。在高寒地区,窖顶覆土一般不少于50厘米。

②井窖。主要分布在黄土高原等土质紧实深厚的地区。井窖坚固耐用,保温效果好,可以连年使用。建窖时先挖一个直径约1米、深3~4米的垂直井筒,然后在井底向四周扩展成1个或数个贮藏室。井口周围略高于地面,并盖上井盖。

③窑窖。分布在山区和土质坚实的地区。选山坡的一面或黄土崖下,向崖中水平挖入成窑。窑门高2米、宽0.7米,多朝北或朝

东,再向里挖长6米、宽2米左右的圆拱形窑洞。窑窖通风差,对土质及地形等有特殊的要求,因此应用不太普遍。

(5) **冷库贮藏**。在冷库中可以随时提供山药贮藏所需的温度,不受地区、季节的限制,可保山药的周年供应。山药冷藏贮存应保持适宜而稳定的温度和较高的相对湿度。山药贮藏的适应温度范围为4~6℃,适宜相对湿度范围为80%~85%,且要进行适当的换气,以保持冷库能空气的新鲜。

2. 夏季贮藏 夏季贮藏山药,由于气温很高,山药块茎度过了休眠期,因此比冬季贮藏难。夏季贮藏山药的首要任务是抑制山药萌芽,关键是严格控制温度和湿度,贮存温度应始终保持在2~4℃,不能超过5℃,空气相对湿度应保持在80%~90%。也可以使用生长抑制剂抑制山药萌芽,可使用青鲜素对山药进行处理,处理越早越好。

参 考 文 献

陈传友，赵振英，2000.《中国资源科学百科全书》问世［J］.自然资源学报（02）：137.

陈芝华，华树妹，李丽红，等，2016.山药愈伤组织 EMS 诱变及其再生苗变异研究［J］.四川大学学报（自然科学版），53（6）：1379-1385.

侯慧芝，李喜娥，郭天文，等，2013.不同种植模式对山药生育时期及经济效益的影响［J］.北方园艺（13）：26-29.

黄璐琦，陈随清，王利丽，2018.山药生产加工适宜技术［M］.北京：中国医药科技出版社.

黄文华，2005.山药无公害标准化栽培［M］.北京：中国农业出版社.

黄玉仙，2012.山药（*Rhizoma Dioscorea*）种质资源研究［D］.福州：福建农林大学.

焦健，刘少军，舒锐，2013.潍坊地区大和长芋山药优质高产栽培技术［J］.中国瓜菜，26（3）：57-58.

李明军，2007.山药种质资源的离体保存及 DNA 指纹图谱的构建［D］.武汉：华中农业大学.

李明军，2004.怀山药组织培养及其应用［M］.北京：科学出版社.

刘少军，焦健，舒锐，等，2012.山药无公害生产技术［J］.种子科技，30（08）：41.

罗宜富，2015.世界薯蓣科植物属的分类及分布［J］.贵州农业科学，43（10）：21-23.

吕爱英，王永歧，沈阿林，等，2004.6 种微生物肥料在不同作物上的应用效果［J］.河南农业科学院（04）：49-51.

农业部，国家发展改革委员会，科技部，2015.种质资源保护现状及发展趋势［J］.种业导刊（08）：28-30.

裴鉴，丁志遵，张美珍，等，1985.中国植物志（第十六卷一分册）［M］.北京：科学出版社.

苏保乐，2002.马铃薯芋头山药出口标准与生产技术［M］.北京：金盾出版社.

孙龙华，简令成，曹孜义，1989. 玉米愈伤组织超低温保存的研究 [J]. 植物学通报，6（1）：30-32.

汤洁，戴兴临，涂玉琴，等，2016. 淮山药种质资源收集鉴定及品种改良 [J]. 江西农业学报，28（10）：15-18.

王君晖，郑泳，严庆丰，等，1996. 水稻胚性悬浮细胞的玻璃化法超低温保存和可育植株再生 [J]. 科学通报，41（22）：2081-2084.

文彬，2011. 植物种质资源超低温保存概述 [J]. 植物分类与资源学报，33（03）：311-329.

许念芳，兰成云，焦健，等，2014. 缓释肥对山药块茎形态指标、产量和经济效益的影响 [J]. 山东农业科学，46（06）：101-103.

赵冰，2007. 山药、马铃薯栽培技术问答 [M]. 北京：中国农业大学出版社.

赵冰，2010. 山药栽培新技术 [M]. 2版. 北京：金盾出版社.

赵冰，2011. 山药无公害高效栽培 [M]. 北京：金盾出版社.

周逊，向长萍，2008. 植物种质资源缓慢生长离体保存研究进展 [J]. 中国蔬菜（11）：39-42.

图书在版编目（CIP）数据

山药品种及优质高效栽培新技术／许念芳，臧传江主编．—北京：中国农业出版社，2019.1
ISBN 978-7-109-25220-2

Ⅰ.①山… Ⅱ.①许… ②臧… Ⅲ.①山药－栽培技术 Ⅳ.①S632.1

中国版本图书馆 CIP 数据核字（2019）第 018948 号

中国农业出版社出版
（北京市朝阳区麦子店街 18 号楼）
（邮政编码 100125）
责任编辑　浮双双

中国农业出版社印刷厂印刷　新华书店北京发行所发行
2019 年 1 月第 1 版　2019 年 1 月北京第 1 次印刷

开本：880mm×1230mm　1/32　印张：3.25　插页：4
字数：80 千字
定价：19.00 元
（凡本版图书出现印刷、装订错误，请向出版社发行部调换）